环保科普丛书

"十三五"国家重点图书出版规划项目

VOCs 污染防治知识问答

VOCs WURAN FANGZHI ZHISHI WENDA

环境保护部科技标准司
中国环境科学学会 主编

中国环境出版集团·北京

图书在版编目（CIP）数据

VOCs 污染防治知识问答 / 环境保护部科技标准司，中国环境科学学会主编 . — 北京 : 中国环境出版集团 , 2017.3（2019.6 重印）
（环保科普丛书）
ISBN 978-7-5111-2973-4

Ⅰ . ① V… Ⅱ . ①环… ②中… Ⅲ . ①工业气体－挥发性有机物－空气污染控制－问题解答 Ⅳ . ① X513-44

中国版本图书馆 CIP 数据核字（2016）第 295446 号

出 版 人　武德凯
责任编辑　沈　建　董蓓蓓
责任校对　尹　芳
装帧设计　金　喆

出版发行　中国环境出版集团
（100062 北京市东城区广渠门内大街 16 号）
网　　址：http://www.cesp.com.cn
电子邮箱：bjgl@cesp.com.cn
联系电话：010-67112765（编辑管理部）
发行热线：010-67125803，010-67113405（传真）
印　　刷　北京中科印刷有限公司
经　　销　各地新华书店
版　　次　2017 年 3 月第 1 版
印　　次　2019 年 6 月第 2 次印刷
开　　本　880×1230 1/32
印　　张　5.25
字　　数　120 千字
定　　价　26.00 元

【版权所有。未经许可，请勿翻印、转载，违者必究。】
如有缺页、破损、倒装等印装质量问题，请寄回本社更换

《环保科普丛书》编著委员会

顾　　问：黄润秋

主　　任：邹首民

副 主 任：王开宇　王志华

科学顾问：郝吉明　曲久辉　任南琪

主　　编：易　斌　张远航

副 主 编：陈永梅

编　　委：（按姓氏拼音排序）

鲍晓峰　曹保榆　柴发合　陈　胜　陈永梅
崔书红　高吉喜　顾行发　郭新彪　郝吉明
胡华龙　江桂斌　李广贺　李国刚　刘海波
刘志全　陆新元　潘自强　任官平　邵　敏
舒俭民　王灿发　王慧敏　王金南　王文兴
吴舜泽　吴振斌　夏　光　许振成　杨　军
杨　旭　杨朝飞　杨志峰　易　斌　于志刚
余　刚　禹　军　岳清瑞　曾庆轩　张远航
庄娱乐

《VOCs污染防治知识问答》编委会

主　　编： 叶代启　邵　敏

副 主 编： 陈永梅　史　伟

编　　委：（按姓氏首字母排序）

陈永梅　何梦琳　梁晓明　卢佳新　聂　磊
邵　敏　史　伟　王伯光　王明慧　王雪梅
吴　迪　吴军良　吴　曾　徐晓斌　杨　勇
叶代启　张静蓉　张寅平

编写单位： 中国环境科学学会
中国环境科学学会VOCs分会
华南理工大学环境学院
北京大学环境学院
清华大学建筑环境检测中心
暨南大学环境与气候研究所
中国气象科学研究院
北京市环境保护科学研究院
中山大学大气科学学院

绘图单位： 北京点升软件有限公司

《环保科普丛书》序

我国正处于工业化中后期和城镇化加速发展的阶段，结构型、复合型、压缩型污染逐渐显现，发展中不平衡、不协调、不可持续的问题依然突出，环境保护面临诸多严峻挑战。环保是发展问题，也是重大的民生问题。喝上干净的水，呼吸上新鲜的空气，吃上放心的食品，在优美宜居的环境中生产生活，已成为人民群众享受社会发展和环境民生的基本要求。由于公众获取环保知识的渠道相对匮乏，加之片面性知识和观点的传播，导致了一些重大环境问题出现时，往往伴随着公众对事实真相的疑惑甚至误解，引起了不必要的社会矛盾。这既反映出公众环保意识的提高，同时也对我国环保科普工作提出了更高要求。

当前，是我国深入贯彻落实科学发展观、全面建成小康社会、加快经济发展方式转变、解决突出资源环境问题的重要战略机遇期。大力加强环保科普工作，提升公众科学素质，营造有利于环境保护的人文环境，增强公众获取和运用环境科技知识的能力，把保护环境的意识转化为自觉行动，是环境保护优化经济发展的必然要求，对于推进生态文明建设，积极探索环保新道路，实现环境保护目标具有重要意义。

国务院《全民科学素质行动计划纲要》明确提出要大力提升公众的科学素质，为保障和改善民生、促进经济长期平稳快速发展和社会和谐提供重要基础支撑，其中在实施科普资源开发与共享工程方面，要求我们要繁荣科普创作，推出更多思想性、群众性、艺术性、观赏性相统一，人民群众喜闻乐见的优秀科普作品。

环境保护部科技标准司组织编撰的《环保科普丛书》正是基于这样的时机和需求推出的。丛书覆盖了同人民群众生活与健康息息相关的水、气、声、固废、辐射等环境保护重点领域，以通俗易懂的语言，配以大量故事化、生活化的插图，使整套丛书集科学性、通俗性、趣味性、艺术性于一体，准确生动、深入浅出地向公众传播环保科普知识，可提高公众的环保意识和科学素质水平，激发公众参与环境保护的热情。

我们一直强调科技工作包括创新科学技术和普及科学技术这两个相辅相成的重要方面，科技成果只有为全社会所掌握、所应用，才能发挥出推动社会发展进步的最大力量和最大效用。我们一直呼吁广大科技工作者大力普及科学技术知识，积极为提高全民科学素质作出贡献。现在，我们欣喜地看到，广大科技工作者正积极投身到环保科普创作工作中来，以严谨的精神和积极的态度开展科普创作，打造精品环保科普系列图书。衷心希望我国的环保科普创作不断取得更大成绩。

丛书编委会

二〇一二年七月

前言

近几十年来，我国经济快速稳定发展，随着城市化、工业化进程的加快，我国能源消耗量以及工业产物的产量呈快速增长态势，高强度的工业活动和粗放的生产方式，以及尚未完善的大气污染综合防治和空气质量管理体系，使得我国的大气污染呈现出新的转型和特点。近几年，我国近地面臭氧浓度和有机气溶胶浓度上升趋势明显，以 $PM_{2.5}$ 引起的雾霾及以 O_3 为特征的光化学烟雾污染等极端大气污染问题接踵而至。大气污染正从局地、单一的城市空气污染逐步转变为区域复合型大气污染，复合污染在以京津冀、长江三角洲和珠江三角洲等为代表的经济快速发展地区表现得尤为突出，严重制约着社会经济的可持续发展，影响了人体健康和大气环境质量。

挥发性有机物（Volatile Organic Compounds,VOCs），作为细颗粒 $PM_{2.5}$ 和 O_3 形成的重要前体物之一，是降低污染物浓度及改善空气质量首要控制的对象，引起了政府部门、科研机构和人民群众的广泛关注和高度重视。然而 VOCs 作为非传统污染物，由于获取的相关介绍资源不多，多为科研人员的研究成果，对广大读者而言，或深入难懂，或枯燥烦琐，或不够全面形象，目前，仍有多数群众和环保人士对其认识不足，甚至还处于陌生状态。因此，关于 VOCs 污染防治的科普知识是广大群众的迫切需求。

面对这样一种污染与需求形式，本书聚集了国内长期从事 VOCs 污染防治领域的科研学者，组织编写了与广大读者生活密切相关的 VOCs 污染防治科普知识问答。本书围绕目前国家和群众关注的 VOCs 带来的污染问题，从 VOCs 的基础知识、VOCs 的来源、VOCs 的环境行为、VOCs 的环境管理、VOCs 的防控技术和 VOCs 与生活六大方面，详细全面地阐述了 VOCs 污染防治知识。所涵盖内容几乎包含了所有关于 VOCs 污染防治的基础知识，同时，以图文并茂的形式、生动鲜明的叙述方式，深入浅出、引人入胜地将 VOCs 污染防治知识介绍给最广大范围的普通读者，准确生动地向公众传播 VOCs 科普知识，有助于读者对书中主要内容的认识，提高公众的环保意识和科学素质水平，激发公众参与日常 VOCs 污染防治的热情。

在此书付梓之际，谨向付出了艰辛劳动的全体编写人员表示诚挚的谢意，并致以崇高的敬意。感谢您们的辛勤劳作和无私分享，为广大读者贡献了一本全面形象的 VOCs 污染防治科普书。

编者

2016 年 4 月

目录

第一部分 VOCs 基础知识 1

第二部分 VOCs的来源 23

第四部分 VOCs 的环境管理 89

第一部分 VOCs 基础知识

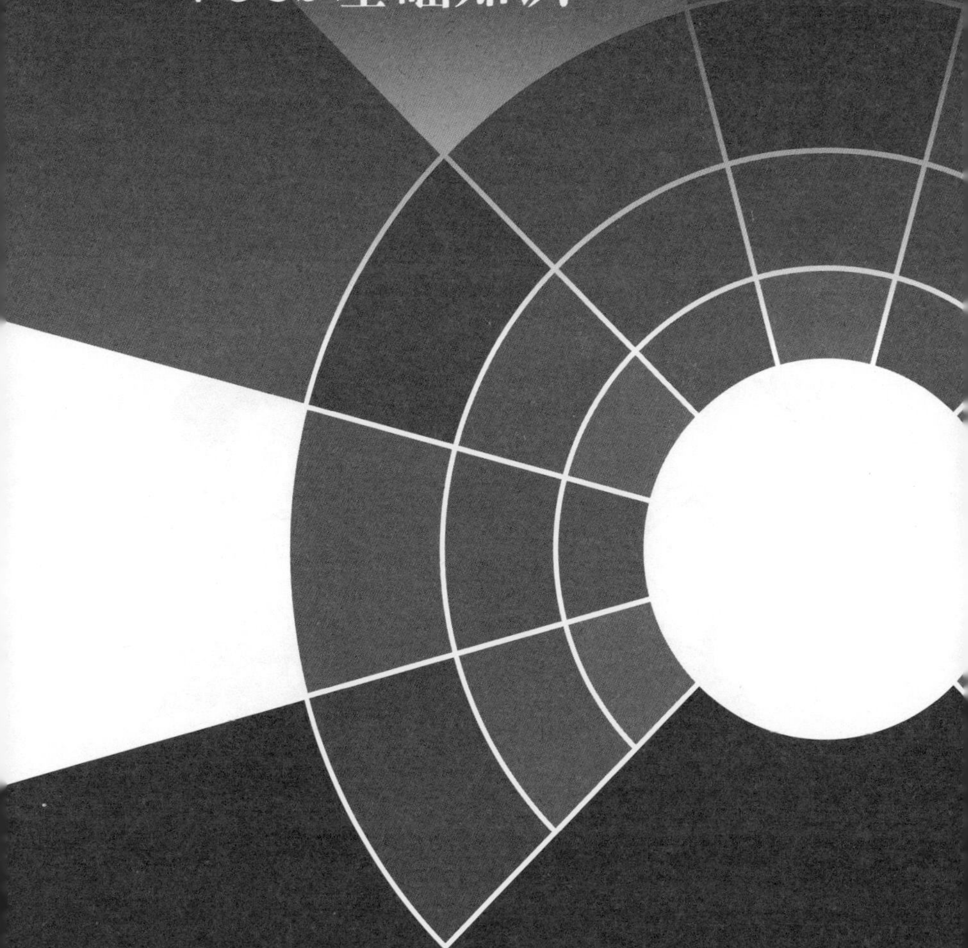

1. 什么是 VOCs？

VOCs 是挥发性有机物英文名“Volatile Organic Compounds”的缩写，有时也称 VOC，此时专指一种 VOC，或者表示挥发性有机物这样一个集合概念。无论是中文的“挥发性有机物”还是英文的“Volatile Organic Compounds”均比较长，因此习惯上常用“VOCs”或者“VOC”来简称。

不同的机构和组织出于不同的管理、控制或研究需要，对 VOCs 的定义不尽相同，目前尚没有统一、公认的定义。美国 ASTM d3960—98 标准将 VOC 定义为任何能参加大气光化学反应的有机化合物。美国国家环保局（EPA）对 VOCs 的定义为：挥发性有机化合物是除一氧化碳、二氧化碳、碳酸、金属碳化物、金属碳酸盐和碳酸铵外，任何参加大气光化学反应的碳化合物。世界卫生组织（WHO，1989）对总挥发性有机化合物（Total Volatile Organic Compounds，TVOC）的定义为：熔点低于室温而沸点为 50 ～ 260℃的挥发性有机化合物的总称。我国《室内空气质量标准》（GB/T 18883—2002）中对总挥发性有机化合物（TVOC）的定义为：利用 Tenax GC 和 Tenax TA 采样，采用非极性色谱柱（极性指数小于 10）进行分析，保留时间在正己烷和正十六烷之间的挥发性有机化合物的总称。

空气中存在的有机物不仅仅是 VOCs。有些有机物在常温下可以在气态和颗粒物中同时存在，而且随着温度变化在两相中的比例会发生变化，这类有机物叫做半挥发性有机物，简称 SVOCs。还有些有机物在常温下只存在于颗粒物中，它们属于不挥发性有机物，简称 NVOCs。无论是 VOCs、SVOCs 还是 NVOCs，在大气中都参与大气化学和物理过程，一部分可直接危害人体健康，它们带来的环境效应包括影响空气质量、影响气候等。

2. VOCs 主要包含哪些物质？

按挥发性有机化合物（VOCs）的化学结构，可将其进一步分为 8 类：烷烃类、芳香烃类、烯烃类、卤代烃类、酯类、醛类、酮类和其他化合物。从环保意义上讲，主要指化学性质活泼的那一类挥发性有机物。常见的 VOCs 有苯、甲苯、二甲苯、苯乙烯、三氯乙烯、三氯甲烷、三氯乙烷、二异氰酸酯（TDI）、二异氰甲苯酯等。

3.VOCs 有哪些特性?

VOCs 最典型的共有特性是具有挥发性。许多 VOCs 具有易于发生化学反应的特性（反应性）。VOCs 在空气中可发生很多种化学反应，目前知道的最重要的几种反应类型包括：① VOCs 与羟基自由基的反应，被氧化成有机自由基，然后进一步分解、反应；②部分含双键的 VOCs（如烯烃、二烯烃等）与臭氧发生反应形成双自由基，再进一步分解、反应；③少数含氧有机物，如甲醛、丙酮等醛酮类 VOCs，可以直接被光分解，形成自由基，从而引发更多反应。此外，一部分 VOCs 还具有毒性，对人体健康有害，如苯、甲苯等。

4. VOCs 全都有气味吗？

大多数 VOCs 的气味并不明显，但有一些 VOCs，如醇、醛、酮类、芳香烃类、含硫化合物等浓度达到一定程度会有较明显的令人喜欢或厌恶的气味。

5. 日常生活中常见的 VOCs 有哪些？

日常食用的食醋中含有醋酸（学名乙酸），可挥发进入空气，属于含氧的 VOCs（简称 OVOCs）。酒类饮品都含有酒精（学名乙醇），属于挥发性较强的醇类，当然也属于 VOCs，是一种 OVOC。香水中含有各种各样的植物提炼或化学合成的芳香性化合物、精油类物质等，其中有许多属于 VOCs，例如芳香醛、芳香酯等。此外香水中的助溶剂通常是乙醇等 VOCs。一些水果（如柠檬、橙子等）和日用清洗剂中含有苧烯，也是具有香味的 VOCs。家庭装修和家具等释放的室内空气污染物，如甲醛、苯、甲苯等都属于 VOCs。

6. VOCs 对生物有毒害作用吗?

VOCs 种类繁多，有些基本没有毒性，因此对人体及动物基本无害。但有些如甲醛、芳香烃特别是多环芳烃、二噁英类等具有较强的致癌、致畸、致突变等生物毒性，一些卤代烃和含氮氧化合物等也具有毒性，对人体健康有显著的毒害作用。植物本身是可以产生并排放一些 VOCs 的，人为排放的 VOCs 对植物的毒害在通常情况下应该也是微不足道的。但是，VOCs 经大气光化学反应产生的一些污染物，例如臭氧和过氧乙酰硝酸等一些氧化性较强的气态污染物，不但能危害人体健康，而且可伤害植物，严重时甚至导致其死亡。

7. VOCs 与近地面臭氧有什么关系?

空气中的 VOCs 和氮氧化物等气体在紫外光照射和高温条件下，会发生快速的光化学链式反应，产生包括臭氧和过氧乙酰硝酸酯等具有刺激性和毒性的氧化剂、醛酮类含氧有机物以及细颗粒物。在一些污染的城市、工业区及乡村地区，由于 VOCs 及氮氧化物浓度均较高，在阳光充足的温暖季节，近地面臭氧浓度会在太阳升起后快速升高，在不利的情况下，午后臭氧浓度可能会不同程度地超出空气质量标准限值。生成的臭氧浓度高低取决于 VOCs 和氮氧化物浓度及两者的比值，但在多数污染区域，由于氮氧化物比较充足，VOCs 浓度越高臭氧达到的浓度也越高。

在 VOCs 浓度不太高的地区，地面臭氧浓度也能达到一定的水平。这是因为，污染气团的水平输送可以将臭氧带到清洁地区。另外，对流层的臭氧还具有天然来源，也就是平流层臭氧的向下输送，然后在一些下沉气流驱动下，向地表输送。根据 VOCs 等污染物的排放以及输送过程的变化，近地面臭氧浓度会呈现出一定的季节性变化特征。由于 VOCs 等人为污染物排放的增加，近一个多世纪以来近地面臭氧浓度在许多地区呈上升趋势。

8. VOCs 与霾有关系吗?

霾是指空气中的大量极细微的尘粒子均匀地浮游在空中，使空气浑浊、视野模糊并导致水平能见度小于 10km 的自然天气现象。霾污染主要源于人为活动，罪魁祸首是细颗粒物（$PM_{2.5}$）。这些细颗粒物的化学组成包括硫酸盐、硝酸盐、铵盐、黑碳、有机化合物等，少数来自污染源的直接排放，多数来自 SO_2、NO_x 和 VOCs 等的大气光化学转化。$PM_{2.5}$ 中有机物通常占相当高的比重，这些有机物一部分排放后直接形成颗粒或气溶胶，还有一部分是 VOCs 的大气化学转化产物。许多 VOCs 经过大气化学反应之后被转化为不挥发或半挥发性有机物，成为二次有机气溶胶（简称 SOA）。此外，VOCs 作为大气化学反应的“燃料”，通过形成臭氧等增加了大气氧化性，对于二氧化硫、氮氧化物等污染气体转化形成硫酸盐和硝酸盐气溶胶起重要作用，从而也促进了霾的形成。可见 VOCs 也是导致霾形成的重要原因，对霾污染形成具有直接和间接的作用。

9. 什么是光化学烟雾?

当空气中的 VOCs 和氮氧化物等浓度较高时，在强烈紫外光照和高温条件下，再遇上不利扩散的条件（如河谷或山谷地形、稳定的高气压天气等），光化学反应产物就会大量积累，从而使臭氧、过氧乙酰硝酸酯、细颗粒物等浓度急剧升高，因而形成刺激性的浅蓝色烟雾。这种污染现象叫做光化学烟雾。1943 年，在美国洛杉矶首次出现这种污染现象，随后数年里多次重复出现，严重影响人体健康，导致许多人员死亡，造成巨大的经济损失。高浓度的 VOCs 是光化学烟雾形成的必要条件。洛杉矶的光化学烟雾就是汽车尾气和工业废气排放的大量 VOCs 与氮氧化物在夏季强光和高温条件下反应的结果。

10. VOCs 会影响气候变化吗？

人为活动排放的二氧化碳、甲烷等多种温室气体以及气溶胶可以改变大气辐射收支，引起气候变化。大多数 VOCs 并不能显著地直接改变辐射收支。但是，VOCs 和氮氧化物等在紫外光照的作用下，会发生一系列光化学反应，生成臭氧、二次气溶胶等污染物，引起对流层臭氧和气溶胶增加。对流层臭氧是一种具有温室效应的气体，可引起气候变暖。VOCs 参与形成的气溶胶作为全球气溶胶的一部分，也具有直接的辐射效应，并且还可以通过影响云的形成、液滴尺寸及滞留时间，从而间接地影响气候，其总的效果是起降温作用。由此可见，VOCs 的长期变化是可以间接地引起气候变化的。

11. VOCs 与臭氧层空洞有关吗？

臭氧层处于大气的平流层，其位于海拔 10 ～ 50km。平流层以下为对流层。地面排放的污染物要穿过对流层达到平流层需要较长的时间。VOCs 家族中绝大多数都是在对流层比较容易被氧化转化并经过干、湿沉降等过程去除，因此不容易进入平流层。但是，VOCs 中包含一类含氟、氯、溴等元素的卤代化合物（如氟利昂、四氯化碳等），其中一部分在对流层大气中寿命比较长，可以被传输到平流层，从而参与破坏那里的臭氧层。因为一些卤代化合物即使在平流层可去除，但过程也很慢，会在那里积累，对臭氧层造成长期破坏。

12. VOCs 是温室气体吗？

多数 VOCs 多数不属于温室气体，但 VOCs 中的少数种类化合物，例如一些卤代烃，也具有温室效应，因而也属于温室气体。大部分温室气体在大气中的寿命较长，而大部分 VOCs 在大气中会很快发生化学反应转化为其他物质。正因为如此，温室气体的影响是全球性的，而且可影响到大气平流层以及更高高度，而多数 VOCs 的影响则主要局限于区域尺度的对流层范围内。

13. 我国环境空气中 VOCs 含量高吗？

我国的空气污染总体比较严重，VOCs 浓度水平也比较高，尤其是在我国中东部的城市地区。由于 VOCs 的数量众多，时间和空间变化均很大，测量本身的难度也大，因此目前尚没有全面、系统的研究结果能说明我国与其他国家和地区 VOCs 浓度水平的高低。从已有的少量研究来看，我国城市地区 VOCs 浓度范围大致与国外的污染城市相当。由于我国还处于经济高速发展期，人为排放 VOCs 的增长趋势显著，并将持续数年，因此，如控制不力，我国 VOCs 浓度水平将可能会显著高于国外的污染城市。

14. VOCs 对天气有影响吗？

大气中的 VOCs 和氮氧化物等在紫外光照的作用下，会发生一系列光化学反应，生成臭氧、二次有机物气溶胶等光化学污染物。其中，臭氧增加了大气的氧化性，可促进大气中的二氧化硫（SO_2）、氮氧化物（NO_x）等气体转化，形成硫酸盐和硝酸盐等二次无机气溶胶。无论是无机气溶胶还是有机气溶胶都可以影响太阳辐射，并经碰并和吸湿增长，参与霾、雾、云的形成，影响到大气能见度、大气温度分布以及降水量及其分布。可见 VOCs 是可以在一定程度上对天气产生影响的。当然，影响天气更主要的因素还是大气的物理过程。

15. 不同地方的 VOCs 种类有何不同？

空气中的 VOCs 受排放、输送、化学反应等多种因素影响。因此，不同地区可观测到的 VOCs 种类会有所不同。通常，城市地区较多地体现出机动车船排放、汽油和溶剂使用等特征，VOCs 中芳香烃等含量相对较高；温暖季节在植被覆盖较密的地区能检测到由植物类天然源排放的、浓度较高的蒎烯和萜烯类化合物；在城市和污染区域的下游地区能检测到较多的烃类氧化之后的产物如醛、酮类等 VOCs；在偏远地区主要能检测到一些反应活性较弱的烷烃、炔烃类 VOCs 及一些含氧 VOCs 等。

16. 在洁净的地区有 VOCs 吗？

大气中，VOCs 几乎是到处存在的，不同地区的差别主要体现在 VOCs 物种的数量和浓度水平上。在有人类活动和植物生长的地方就会有较多较高浓度的 VOCs。一些人为排放的 VOCs 可通过大气气团的运动输送到清洁和偏远地区，虽然其浓度水平已经大大下降，但是仍然可以检测到。甚至在南极地区和喜马拉雅山地区的空气中仍然能检测到一些 VOCs。可以说 VOCs 在大气中几乎是无处不在的。

17. 下雨能去除 VOCs 吗？

空气中的气体若要被雨水去除，必须要能在水中溶解。VOCs 中，多数烃类物质在水中的溶解度是很低的，因此并不容易被雨水清除。

VOCs 中的一些含氧有机物化合物（尤其是其中的有机酸及醇类等）以及部分含硫、氮等的化合物，部分可溶于水，能够较快速地被雨去除。

18. VOCs 与酸雨有联系吗？

VOCs 中的甲酸、乙酸等有机酸吸收参与大气光化学反应产生的酸化物质，可溶解到降水中，因此对雨水的酸化有一定的作用。但是，酸雨更主要的是由二氧化硫和氮氧化物溶于水和氧化产生的强酸引起的，因此，VOCs 对酸雨的直接影响是微弱的。但另一方面，

VOCs 参与的大气化学反应是导致大气氧化性增强的重要原因。大气氧化性增强后能促进二氧化硫和氮氧化物等更快速地氧化转化成强酸。可见 VOCs 对酸雨的间接影响也是非常重要的。

19. 如何降低环境空气中 VOCs 的含量？

VOCs 排入环境空气后，其在大气中的含量就由气象条件和大气化学转化条件所决定，不受人类控制。因此，人类要降低环境空气中 VOCs 的含量，只能通过减少其排放来实现。空气中的 VOCs 一部分来自人为排放源，另一部分来自植物等自然排放源。自然源排放难以被人类控制，因此我们所能做的就是降低人为排放 VOCs 的强度。一是对各种含 VOCs 的废气进行治理，以减少排放；二是对生产过程中的 VOCs 泄漏进行封堵或回收，以减少排放；三是减少化石燃料的使用，减少对各种含 VOCs 物质的使用量，从源头控制 VOCs 污染物的产生。

VOCs WURAN FANGZHI

VOCs 污染防治 ZHISHI WENDA 知识问答

第二部分 VOCs 的来源

20. VOCs 有哪些来源？

VOCs 的来源包括天然源和人为源。天然源是指森林、草原、海洋等植物排放；人为源则分为固定源和流动源两大类，其中固定源包括化石燃料和生物质（秸秆、木材）燃烧、溶剂使用、工业过程（如石油化工、炼钢炼焦）等。流动源是指所有和机动车、船、飞机等交通工具相关的排放。此外，这些 VOCs 排放到大气中，在光照等条件下通过化学反应可生成新的 VOCs，即所谓的 VOCs 二次来源。

21. 我国城市 VOCs 的主要来源有哪些？

我国城市地区 VOCs 的主要来源一般有机动车排放、油品挥发泄漏、溶剂使用排放、液化石油气（LPG）使用、工业排放等。下图给出了广州市和北京市 VOCs 来源解析结果，机动车排放、油品挥发泄漏、溶剂使用是三大重要 VOCs 来源。但由于能源结构和产业布局不同，不同城市主要排放源的贡献率存在差异，例如 LPG 在广州占 VOCs 总量的 16.32%，而在北京则只占 2.64%。

22. VOCs 的排放量随时间有变化吗？

VOCs 的排放量是会随时间变化的。在城市地区，早晚上下班高峰期，机动车尾气排放是 VOCs 的主要来源；午后由于温度升高，VOCs 主要来源于油品或溶剂的挥发泄漏；夜晚环境中的 VOCs 则主要是白天排放 VOCs 的累积。从季节变化来看，天然源植物排放和二次生成是夏季 VOCs 的重要来源，燃煤等则在冬季的贡献率更大。从年际变化来看，随着社会经济的发展，机动车保有量、能源结构和产业布局等产生了变化，VOCs 的排放量也会相应变化。

23. 什么是 VOCs 的有组织排放和无组织排放？

有组织排放，即大气污染物经过排气筒有规律地集中排放。以这种形式排放的废气几乎都是工业生产产生的废气，经过处理后排放浓度低，并向高空排放，扩散相对较容易。

无组织排放是指在生产过程中无密闭设备或密封措施不完善而泄漏，废气不经过排气筒或烟囱，污染物向环境直接排出，或从露天作业场所、废物堆放场所等扩散出来。无组织排放是 VOCs 进入大气环境的重要途径，无组织排放的废气日积月累，对环境的危害不容忽视，其排放源高度低、污染面积集中，呈地面弥漫状，持续时间长，危害大。

目前，有组织排放可以通过废气处理装置减少对环境的污染，而无组织排放由于污染物种类多、排放点广、难以量化和处理等特点，并且影响无组织排放的工艺因素和环境因素较多，使其排放量、排放规律等都不易确定，故对其进行监测、评价和控制都比较困难，是 VOCs 控制需要解决的难点之一。

24. 怎样确定 VOCs 不同来源的排放量？

通过建立排放源清单可得到 VOCs 不同来源的排放量。源清单方法是基于污染源的排放因子和源调查的一个基本来源研究方法，即通过测定各种污染源的排放因子和调查统计不同污染源的排放活动水平数据，来估算总的排放量和确定不同源的贡献率的方法。

排放因子法利用如下公式建立排放源清单：

$$EM(i,j,k,l)=EF(j,k,l)\times AD(i,j,k)$$

式中，i 为地理范围或网格；j 为排放过程；k 为时间；l 为排放物种；EM 为排放量；AD 为活动水平；EF 为排放因子。

例如，对机动车排放量的估算，先确定 1 辆机动车每行驶 1 km 或者每烧 1 kg 油会排放多少 VOCs（排放因子）和全国机动车的行驶总里程或者总的耗油量（活动水平数据），将二者相乘即可获得全国机动车的 VOCs 总排放量。

25. 为什么植物会排放 VOCs？

植物释放 VOCs 常被认为是一种防卫机制。植物排放的 VOCs 对有害病原体、昆虫、草食动物具有威慑作用，还有利于植物的伤口愈合。一些挥发性很强的 VOCs 能吸引动物或昆虫帮助传粉；或者吸引草食动物的天敌，从而达到防御效果。有些 VOCs 还具有与其他植物或生物体进行交流的功能。另外，一些植物排放的 VOCs 还具有化感作用，对其他植物种子萌发、幼苗生长产生抑制。

26. 植物排放的 VOCs 对大气环境有什么影响？

没有明显的证据表明植物排放的 VOCs 会对人体健康产生直接的危害。但是植物排放的 VOCs 非常活泼，可以与氮氧化物发生一系列复杂的大气化学反应，生成臭氧和有机气溶胶。而环境空气中的臭氧和有机气溶胶达到一定浓度后，就会对人体健康产生危害。所以，从这个角度说，植物排放的 VOCs 在一定条件下会对大气环境产生不利影响。

27. 为什么要关注植物排放的 VOCs？

正如上述所言，植物排放的 VOCs 会通过一系列复杂的大气化学反应生成臭氧和有机气溶胶，影响大气环境。就全球而言，植物排放的 VOCs 的量比人为排放的要大得多，约占了全球总 VOCs 排放量的 90%。这部分 VOCs 对大气环境、生态环境产生重要的影响。对植物排放的 VOCs 进行研究，对了解全球和区域大气环境、碳循环乃至气候变化都是必不可少的。

28. 不同种类植物排放的 VOCs 是一样的吗？

不同种类植物类型排放 VOCs 的能力是不一样的。一般来讲，森林是植物 VOCs 排放的主体，其排放的 VOCs 量要大于灌木丛、草地等其他植被类型。木麻黄、桉树、枫香树、紫树、杨树、松树、杉木和皂角等都是植物 VOCs 的排放大户。同时，不同种类的植物排放的 VOCs 种类也是不一样的。桉树、杨树等阔叶树种主要排放异戊二烯，而松树、杉木等针叶树种主要排放单萜烯。

29. 哪些地方植物排放的 VOCs 浓度比较高？

就全球范围而言，热带和亚热带地区的植被量较大，拥有大片的热带雨林和森林，而且这些区域长年温度和辐射量均较高，所以这些区域的植物排放的 VOCs 量较大。在人类居住环境当中，郊区由于开发度较低，建成区面积较小，植物数量较多，其排放的 VOCs 量一般要大于市区。

30. 不同季节植物排放的 VOCs 有什么不同？

植物排放的 VOCs 具有明显的季节变化特征。夏季温度较高、太阳辐射较强，植物的生理活动较旺盛，于是排放的 VOCs 也更多。到了冬季，落叶植物会由于叶子枯萎掉落，进入生理休眠期而大大减少 VOCs 的排放；而常绿植物由于环境温度下降，其 VOCs 排放量也会减少。

31. 家里的盆栽会排放 VOCs 吗？

家里的盆栽植物也会排放 VOCs。但由于植株较小，其排放 VOCs 的量很少。且由于墙体阻隔，家居环境中氮氧化物浓度不高，植物排放的 VOCs 与氮氧化物产生化学反应生成臭氧的量很少，不会对人体健康构成危害，所以无须担心。同时，由于盆栽可以改善家居景观、增加空气湿度、陶冶情操等，其正面作用大于负面作用，所以无须因其会产生少量 VOCs 就敬而远之。

32. 海洋会释放 VOCs 吗？

海洋中的藻类和某些海洋生物也会排放 VOCs。但整个大气环境中 VOCs 主要来自陆地排放，来自海洋的排放仅占较小的一部分。而且海上空气较为洁净，氮氧化物含量很低，所以生成的臭氧量很少。同时由于海洋人口密度非常低，所以对人产生的影响也非常少。

33. 机动车排放的 VOCs 主要有哪些？

机动车排放的 VOCs 中含有大量有毒物质，对空气质量和人体健康有重要危害。机动车排放是我国城市地区大气 VOCs 主要的人为排放源。机动车排放的 VOCs 主要是燃料在发动机内的不完全燃烧生成的，此外还包括燃料的挥发散逸导致的排放。

机动车排放的 VOCs 的主要成分包括：烷烃、烯烃、芳香烃、含氧 / 硫化合物和乙炔等。汽油车排放的主要 VOCs 是乙烯、芳香烃、异戊烷等，芳香烃中甲苯和二甲苯含量较高。柴油车尾气 VOCs 主要为丙烯、丙烷等短链碳氢化合物，此外还含有 C8 以上的直链烷烃，如壬烷、葵烷、十一烷等。柴油车中的醛酮含量显著高于其他类型的机动车。摩托车排放的 VOCs 组分主要为乙炔和 2- 甲基己烷，以及以二甲苯和乙烯为主的芳香烃和烯烃类物质。LPG 助动车排放的 VOCs 主要以低于 4 碳的烷烃、烯烃为主，其中丙烷、异丁烯、正丁烷 3 种化合物占了总量的很大一部分比重。

34. 飞机、轮船排放的 VOCs 主要有哪些？

现代飞机使用的燃料为航空燃油，飞机在起飞、降落和巡航过程中，会向大气环境排放 VOCs，主要包括不饱和烃类（如乙烯、丙烯等烯烃，苯、甲苯等芳香烃）和醛类物质（如甲醛、乙醛），乙烯和甲醛是其中最主要的两种。

目前我国轮船的发动机主要以柴油机为主，且普遍以“重油”为燃料，轮船在装卸及巡航过程中会通过发动机燃料的挥发和燃烧向大气环境排放 VOCs，主要包括烷烃类（如丙烷）和芳香烃类物质（如苯、甲苯、二甲苯）。

对于运载石油及其产品的货运轮船，在油品的装卸运输及压舱水的回收处理过程中会因油品的泄漏或挥发而向大气环境排放 VOCs，其组成与油品挥发排放的 VOCs 相同。

近年迅速发展起来的“绿色船舶”——LNG 船（Liquefied Natural Gas，液化天然气），其尾气排放的 VOCs 相对较少。

35. 油品挥发排放的 VOCs 有哪些？

石油及其产品是多种碳氢化合物的混合物，其中的低碳组分具有很强的挥发性。在石油的开采、炼制、储运及销售过程中，由于受到工艺技术及设备的限制，不可避免地会有一部分较轻的液态组分汽化并逸入大气中。

油品的馏分组成越轻，沸点越低，挥发性越高。总体而言，汽油和原油较易挥发，煤油和柴油稍次之，润滑油挥发很少。

汽油挥发排放的 VOCs 主要是 C3 ~ C5 的烯烃和烷烃（如丁烷、戊烷），另外还会有少量的芳香烃（如甲苯）和醚类（如甲基叔丁基醚，简称 MTBE，一种常用汽油添加剂）。

原油挥发排放的 VOCs 主要是 C1 ~ C6 的烷烃，即甲烷、乙烷、丙烷、丁烷、戊烷、己烷，其中丙烷和丁烷占有较大的比例。

柴油挥发排放的 VOCs 主要是 C6 ~ C19 的直链烷烃（如环己烷、正庚烷），另外还会有少量的芳香烃（如三甲苯、萘）。

煤油挥发排放的 VOCs 主要是双环及单环环烷烃， 润滑油挥发排放的 VOCs 主要是多环芳香烃。

36. 石油化工行业排放的 VOCs 有哪些？

我国的石油化工行业总体上来说主要包括石油炼制行业和石油化工行业。其中，石油炼制是以原油为基本原料，生产石油燃料（液化石油气、汽油、煤油、柴油、燃料油）、润滑油脂、石油溶剂和化工原料、石油蜡、石油沥青、石油焦等的生产过程；而石油化工行业作为石油炼制行业的下游行业，是以炼油过程提供的油和气作为原料，生产以三烯（乙烯、丙烯、丁二烯）、三苯（苯、甲苯、二甲苯）为代表的石油化工基本原料以及各种有机化学品、合成树脂、合成橡胶、合成纤维等产品，为化学工业提供化工原料和化工产品的生产过程。

石油炼制废气主要来自燃烧烟气和工艺尾气，主要为固定排放源，如加热炉烟气、锅炉烟气、催化剂再生烟气、焦化放空气、氧化沥青尾气、硫回收尾气等。其中，VOCs 的特征污染物为苯并 [*a*] 芘、苯、甲苯、二甲苯、乙烯、丙烯、丁烯、丁二烯、酚、硫醇等。

石油化工行业废气主要有燃烧烟气、工艺尾气、装置设备泄漏的烃类气体，碱渣处理装置、污水处理厂等散发的恶臭气体等。此外，轻质油品及挥发性化学药剂和溶剂储存过程中的逸散、泄漏，废水及废弃物处理和运输过程中发散的恶臭和有害气体，也对大气造成污染。特征污染物为烷烃、烯烃、环烷烃、醇、芳香烃、醚酮、醛、酚、酯、卤代烃、卤化物等。

37. 溶剂使用过程排放的VOCs有哪些？

溶剂作为溶媒或萃取剂，广泛参与到一些化学产品制造过程中，以满足形形色色的生产和生活需求。溶剂使用较多的行业主要有建筑业、汽车制造业、木器加工业、防腐业、服装制造以及印刷行业等。保留或残留在这些行业所制造产品中的溶剂，会在产品使用过程中挥发出来，成为VOCs的重要排放源之一。

含溶剂的产品在使用过程中排放的 VOCs 以苯系物、醇类、烷烃、酮类和酯类化合物为主。溶剂产品形形色色，有很多种，主要的 VOCs 排放贡献产品有涂料、胶黏剂和油墨等。它们成分又各有不同。当前涂料使用排放 VOCs 的主要成分包括苯系物（如甲苯和二甲苯）、醇类和酯类化合物。胶黏剂使用过程所排 VOCs 主要包括酮类化合物、苯系物（苯、甲苯、二甲苯、乙苯）和酯类化合物。直链烷烃、不饱及烯烃和炔烃及苯系物是溶剂型油墨的主要排放成分。

38. 建筑工地的施工机械运转会产生 VOCs 污染物吗？

现代建筑行业离不开机械设备的参与，建筑工地的机械设备主要分为两大类：一类是大型机械设备，如塔吊或活动吊、升降机、外用吊篮、物料提升机、推土机、装载机等；另一类是小型机械设备，如搅拌机、钢筋加工机械、电焊机、卷扬机、打夯机等。

几乎所有的建筑工程都会用到柴油机等动力强劲的机械，在使用过程中，发动机内油品的挥发和不完全燃烧会产生 VOCs 污染物，主要包括烷烃类（如丙烷）和芳香烃类物质（如甲苯、乙苯、二甲苯、三甲苯、萘、菲）。另外，在建筑工程机械的工作过程中，较为广泛使用的润滑油、液压油等也会因挥发而产生少量 VOCs，以多环芳烃类物质为主。

39. 其他行业排放的 VOCs 有哪些？

炼焦行业是重要的 VOC 排放源之一。焦化过程释放大量的污染物，其中排放的 VOCs 以苯系物为主，其他的依次为烷烃（如正庚烷）、卤代烃（如溴苯、二氯乙烷）和萜烯类。

化学医药制造行业经常使用溶剂对药物进行萃取、浸析、洗涤等过程的分离纯化和精制，其 VOCs 排放主要源于溶剂的挥发。化学组分以醇类化合物、酮类化合物和醚类化合物为主。

食品加工过程中，植物油提炼工艺的溶剂挥发和各类酒品制造过程的发酵挥发是 VOCs 排放的主要来源。前者所用溶剂多为 120 号汽油，而后者发酵产物以乙醇为主。该工业过程排放 VOCs 的化学组分以烷烃和醇类化合物为主。

干洗，是指用有机化学溶剂对衣物进行洗涤的一种干进干出洗涤方式。干洗行业主要的干洗剂是四氯乙烯，因此会向大气环境排放含有四氯乙烯的有机废气。

合成革工业在生产加工过程中存在很多的潜在排放源，废气组成与具体工艺、配方组成有关。如聚氨酯合成革工业排放量最大的 VOCs 物质为乙酸乙酯，其他主要成分包括甲苯和酮类（如 2- 丁酮）等物质。

轮胎制造业是传统的高加工产业，VOCs 废气来自三个方面：生胶解离、有机溶剂的挥发和热反应生产，排放的 VOCs 主要包括烷烃和烯烃衍生物，以及甲苯、二甲苯、丙酮等物质。

其他行业如烟草行业、纺织品行业、玩具行业、家具装饰材料、汽车配件材料、电子电气行业以及洗涤剂、清洁剂、衣物柔顺剂、化妆品、办公用品、农药、橡胶、精细化工等行业均会产生 VOCs。

40. 喷洒农药会产生 VOCs 吗?

农药在喷洒过程中及进入土壤后，其中的易挥发和易分解有机物大部分会通过挥发扩散形式进入大气，主要 VOCs 有烷烃（如正己烷）、烯烃（如乙烯）、芳香烃（苯、甲苯、乙苯、二甲苯、三甲苯）以及卤代烃（如二氯甲烷）。

41. 农村秸秆焚烧会产生 VOCs 吗？

农作物光合作用的产物有一半以上存在于收获籽实后的秸秆中，秸秆在燃烧时会产生多种 VOCs，除一部分直接进入大气环境外，其他主要附着在燃烧颗粒物及未燃尽的飞灰中。

秸秆的种类和燃烧方式不同，其燃烧时产生 VOCs 的量和种类也会有所差别，露天焚烧秸秆产生的 VOCs 数量更多。总体而言，粮食类（如小麦、水稻、玉米、高粱）和油料类（如油菜、花生、芝麻）

农作物的秸秆在燃烧时产生的 VOCs 较多，主要包括芳香烃类（如苯、甲苯、二甲苯、苯乙烯、萘、菲）和醛类（如甲醛、乙醛、丙醛）物质，另外还会产生少量烯烃类（如丁烯、1,3- 丁二烯）、烷烃类（如丁烷、庚烷）、卤代烃类（如氯甲烷）、腈类（如乙腈）、酮类（如丙酮）、酯类（如乙酸甲酯）以及其他类（如苯并呋喃）物质。氯甲烷和乙腈是生物质燃烧排放的标识性 VOCs。

42. 生活垃圾会不会产生 VOCs？

由于我国生活垃圾的含水率和易生物降解有机组分的含量较高，生活垃圾产生后的 0 ～ 3 天时间内，垃圾中的有机物便会在微生物的降解作用下产生少量的 VOCs 释放至大气中，主要包括酮类（如丙酮、丁酮）和硫醚类（如二甲基二硫醚、二甲基硫醚）物质。另外，少量来自生活垃圾自身含有或吸附 - 溶解的 VOCs 会挥发至大气中，主要是芳香烃类物质，如苯、 甲苯、 二甲苯、苯乙烯等。硫醚类物质具有令人不愉快的恶臭气味。

43. VOCs 中有哪些是恶臭气体？

恶臭气体不仅包括氨、硫化氢等挥发性无机气体，还包括许多化学成分极为复杂的挥发性恶臭有机物（MVOC）。

MVOC 属于一类极为特殊的挥发性有机物。一方面，MVOC 可分为 5 类：第 1 类为含卤素化合物，如卤代烃；第 2 类为烃类，如烷烃、烯烃、芳香烃等；第 3 类为含氧化合物，如醛、酮、酯、有机酸等；第 4 类为含硫化合物，如硫醚、硫醇和噻吩类；第 5 类为含氮化合物，如酰胺等，这些都是有毒的空气污染物。另一方面，MVOC 具有较无机恶臭物质更为复杂难辨的恶臭气味。

MVOC 来源广泛，除化工、化肥、橡胶、炼油和皮革等数十种工艺过程外，现代城市的污水处理厂、垃圾填埋场甚至机动车尾气都是恶臭 VOCs 的发源地。

44. 煤炭燃烧会排放 VOCs 污染物吗？

在我国，煤炭资源较为丰富，在整个能源结构中占据重要地位。尤其在北方，冬季大多采用燃煤进行供暖，而在煤炭燃烧过程中，除排放常规污染物如 SO_2、NO_x、CO_2 及粉尘等外，还会排放特殊有机污染物，包括烷烃、烯烃、苯系物等。这些 VOCs 成分因燃烧煤的种类不同而有所差异。

无烟煤燃烧排放的VOCs主要成分是苯系物（如苯和甲苯）、烯烃（如乙烯、丙烯）等。烟煤燃烧排放的VOCs主要是乙炔、烯烃（如乙烯、丙烯）、丙烷以及苯、甲苯等苯系物。蜂窝煤也是家庭生火、取暖的重要燃料，燃烧蜂窝煤排放的VOCs与无烟煤基本一致，因为其主要成分就是无烟煤。

45. 室内环境中VOCs污染物有哪些来源？

室内环境中VOCs污染物的来源多种多样。其中，建筑材料是其最主要的来源，除了地板之外，还包括敷设材料、颜料、油漆、黏结剂、

木材防护剂、墙体和屋顶护层、密封剂、涂墙灰泥、砖块和混凝土等。此外，清洁剂、除臭剂、杀虫剂、化妆品的使用，厨房内家用燃料的燃烧（如天然气炉灶）、烹饪油烟，吸烟，打印机、复印机的使用，人的呼吸与代谢均会产生 VOCs。总的来说，室内有关溶剂使用的物品，均可能是 VOCs 的来源。

46. 室内装修排放哪些 VOCs？

室内装修所排放的 VOCs 主要包括甲醛及芳香烃物质，主要为苯系物（苯、甲苯、二甲苯、乙基苯等）。研究表明，装修后室内的这些有毒有害物质的浓度比室外高很多，有时，装修一年后的浓度仍是室外浓度的 10 倍以上。

47. 干洗店是否会产生 VOCs 污染？如何控制？

干洗店利用干洗剂取代水为媒介，在干洗机中清洗服装和纺织品，目前普遍采用的干洗剂包括两种：四氯乙烯和碳氢溶剂（即石油溶剂），都属于挥发性有机物的范畴。干洗服务业造成的 VOCs 排放主要产生于以下环节：①干洗剂添加过程中挥发造成的排放。②干洗过程中溶剂管道泄漏和烘干时风道漏气造成的排放。③干洗衣物上干洗剂残留造成的排放。④干洗残渣造成的排放。

随着干洗行业技术装备水平的不断进步和人们环保意识的增强，发达国家对干洗机环保性能的要求越来越高，干洗机已从原有的分体式干洗机、开启式干洗机发展到目前配有压缩制冷回收系统和碳吸附系统的第 5 代密闭式干洗机，采用其能够有效控制干洗过程中造成的 VOCs 排放。此外，不是所有的衣物都适用于干洗，应遵照衣物上的洗涤指南尽量选择水洗方式。

48. 餐饮油烟含有哪些 VOCs？其危害大吗？

从微观上看，餐饮油烟具有气态、液态、固态三种形态。其中的气态污染物（VOCs）排入大气后与空气形成混合气体；大颗粒的液态污染物、固态污染物分布在空气中形成可自然沉降的悬浮颗粒物；细颗粒液态、固态污染物分布在空气中形成相对稳定的气溶胶。餐饮油烟中的 VOCs 包括烷烃、烯烃、醛酮类、酯类、脂肪酸、芳香化合物和杂环化合物。

餐饮油烟的危害是多方面的，首先它是 $PM_{2.5}$ 的直接排放源之一，其次油烟中含有多种挥发性有机物，可以与环境中的氮氧化物发生反应，增强大气的氧化性，加速二次颗粒物的形成。此外，餐饮油烟中含有多种化学物质，如苯并 [*a*] 芘（BaP）、二苯并 [*a,h*] 蒽（DbahA）等已知致癌致突变物，长期吸入这类物质，将引起机体免疫功能下降，导致疾病的发生，从而直接影响人体健康。

49. 影响餐饮油烟产生的因素有哪些？

（1）食用油性质：油品的加工程度越深，去除杂质越多，产生的餐饮油烟越少；反复加热的油品产生的油烟多于第一次加热的油品产生的油烟；沸点越低的油品，在同样温度下油烟排放量越大。

（2）烹调方式：用油量越大，火势越猛，时间越长，扰动越剧烈，翻炒越频繁，油烟的产生量越多。

（3）烹调温度：随加热温度升高，不同油品的大气有机污染物排放量均随之增加。翻炒、炸肉食、炸面食三者比较，炸面食所排放的油烟最多，油条、油饼这类炸制面食多食不仅不利于健康，其制作过程也污染环境。

（4）餐饮业集中程度：餐饮业多集中在人口密集的商业区、居民区，且是低空排放，造成的局部污染较大。

50. 浴室中的 VOCs 来自哪里？

护肤品、化妆品和合成洗涤剂是浴室中常用的日用化学品，而这些日用化学品大多都含有 VOCs 成分，在使用过程中会挥发到空气中，污染物的主要类别为醇类和脂肪烃类。

51. 居室中的 VOCs 来自哪里？

起居室中的新家具是最主要的 VOCs 排放源。家具所用板材中用到的胶黏剂和家具表面的油漆含有大量的有害物质，不断向室内释放，其中包括甲醛、苯、甲苯、乙苯、二甲苯、酮类等。另外，一些电器及电子设备由于元器件使用了树脂和胶合剂，使用时在较高温度下也会释放部分 VOCs。地板，有居室铺设复合地板，其中的胶黏剂也会释放甲醛类 VOCs。

52. 下水道和污水井中的 VOCs 有哪些？

下水道和污水井通常会散发恶臭，其气体中除含有主要温室气体甲烷外，还含有苯系物、2- 丁酮、乙酸乙酯、乙酸丁酯和甲硫醚等，可刺激人的呼吸道，影响肝、肾和心血管的生理功能。

53. 医院中的 VOCs 来自哪里？

医疗救治过程中，为避免医生和患者之间以及不同患者之间造成交叉感染，医院会按照医院消毒技术规范，对环境、人体和器械进行消毒，所使用部分种类消毒剂属于挥发性有机物，将通过无组织逸散的方式排放到大气中。此外，医院病理科在对患者活检的组织进行标本制作时，需要使用甲醛、乙醇、二甲苯，也会造成局部的 VOCs 无组织排放。

54. 学校、图书馆中的 VOCs 来自哪里？

学校、图书馆中典型的 VOCs 是由大量的书籍产生的，书籍除了在印刷出版过程中会因为印刷油墨以及胶黏剂的使用排放 VOCs 外，残留在书中（尤其是新书）油墨中的 VOCs 也会在书籍使用过程中继续挥发，特别是上墨面积较大、墨层较厚的印刷品。

55. 理发店中的 VOCs 来自哪里？

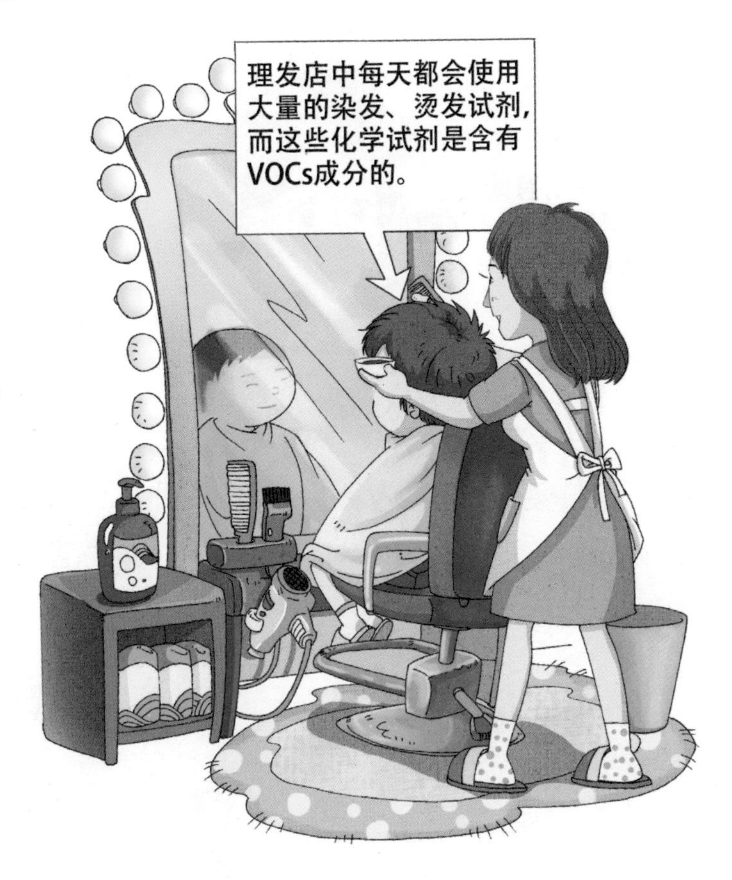

理发店中每天都会使用大量的染发、烫发试剂，而这些化学试剂是含有 VOCs 成分的，且化学染发剂中的对苯二胺对人体有致癌性；烫发剂中也含有巯基乙酸，具有刺激性，可能破坏造血系统，引发癌症。日常生活中应尽量不染发、不烫发，或减少染发、烫发次数，同时应选用质量合格的产品，以减少因产品质量问题而引起的健康风险。

56. 还有哪些场所会存在 VOCs？

几乎所有的建筑物都会排放 VOCs。除此之外，其他存在 VOCs 的场所包括加油站、打印复印室、商场、汽车修理厂等。除装修原因外，不同场所产生 VOCs 的种类和机制并不相同，对人体的危害程度也不相同，要分清各场所产生的主要 VOCs 种类，规避有害污染物。

57. 汽车内的 VOCs 来自哪里？

汽车内的 VOCs 来源包括：

（1）汽车零部件和汽车装饰材料中所含有害物质的释放，如汽车使用的塑料和橡胶件、油漆涂料、保温材料、黏合剂等材料中含有的有机溶剂、助剂、添加剂等挥发性成分，在汽车使用过程中释放到车内环境，造成车内空气污染。

（2）从车外进入的污染物，道路上的污染物会通过未紧闭的汽车门窗或车上其他孔隙进入车内环境，造成车内空气污染。

（3）汽车自身排放的污染物，这些污染物主要来自发动机、汽车尾气和汽车空调系统。

（4）车内驾乘人员及其活动产生的污染。

其中 VOCs 污染的最主要来源是汽车地毯、仪表板的塑料件、车顶毡、座椅和其他装饰等非金属构建、黏合剂、清新剂和车身涂料等，会释放苯、甲醛、丙酮、二甲苯等使人出现头晕乏力等症状，因此在选购时应尽量选择较为简单的汽车内部装饰。

58. 抽烟也会排放 VOCs 吗？

烟草不完全燃烧产生的 VOCs 种类很多，其中烯烃和烷烃含量最高，其次是苯系物。虽然浓度不高，但苯系物、氯代苯、卤代烃等毒性较大的污染物检出率较高。因此应在公共场所禁烟，避免人体吸入有毒挥发性成分。

59. 装修为何会产生 VOCs？

装修过程（尤其是室内装修）通常会使用胶黏剂（地板胶、壁纸胶、密封胶）和涂料（墙面漆、木器漆等）和人造板材（刨花板、胶合板、中密度纤维板），其中胶黏剂和涂料中通常含有 VOCs 组分，在涂装和黏结过程中会挥发到环境中，而人造板材由于生产过程中使用的胶黏剂中含有甲醛，会在室内装修过程中和装修后持续释放出甲醛。

60. 人体也能释放 VOCs 吗？

人的呼吸、汗腺代谢等释放甲醇、乙醇、醚类等挥发性有机物。此外，不同生理状态的人呼出的气体成分也不尽相同。目前，通过监测病人呼吸气体中的挥发性有机气体成分来进行病情诊断作为一种无创诊断技术甚至成为了生物医学工程领域研究的一个热点。例如己醛、庚醛、苯乙烯和癸烷等被作为肺癌呼吸气体监测的标志性气体成分。

第三部分

VOCs 的环境行为

61. VOCs 的主要环境作用有哪些？

VOCs 的环境作用可根据作用的对象分为对自然环境的影响和对生物体的直接影响。VOCs 能和大气中的氧化剂发生化学反应，在一定条件下生成以高浓度臭氧为主要特征的光化学烟雾；其氧化产物中的二次有机气溶胶是 $PM_{2.5}$ 的重要组成成分，在不利的气象条件下易引发雾霾；氟氯烃类化合物（氟利昂等）会造成臭氧层空洞，导致进入地球的紫外线增加。人体接触过量的甲醛、苯、甲苯等有毒有害 VOCs，将会造成致畸、致癌、致突变的影响，吸入浓度过高的 VOCs 还可能出现急性头痛、呕吐乃至昏迷等中毒症状。

62. 影响 VOCs 环境浓度的因素？

影响 VOCs 环境浓度的因素多种多样，包括物理性因素和化学性因素。物理性因素中主要为 VOCs 的排放方式及其在大气中的沉降和传输扩散方式，排放源大量释放 VOCs 增加了环境空气中的 VOCs 浓度，而干沉降（随颗粒物沉降或重力沉降等方式）和湿沉降（随降雨沉降等方式）的去除作用则会降低其环境浓度；传输扩散使水平和垂直方向的浓度发生变化，从上风向地区传输来的 VOCs 可能使本地浓度增加，而向下风向地区的传输则会降低本地浓度。化学性因素包括反应生成和反应去除两个方面，一方面由化学反应在大气中生成二次 VOCs，造成新的污染；另一方面大部分的 VOCs 在大气中经臭氧等氧化剂氧化去除，浓度降低。

63. VOCs 在大气中的主要化学过程有哪些？

VOCs 在大气中的主要化学过程包括均相化学反应和非均相化学反应。均相化学反应是指在气体中的化学反应，VOCs 大多是还原性物质，在大气中被臭氧等氧化性气体氧化生成包括甲醛等在内的含氧有机物，乃至最终生成二氧化碳，另一部分则会变成不容易挥发的有机物最终成为二次有机颗粒物；而非均相化学反应是指在固、液颗粒物表面的化学转化和光化学过程，最终生成的二次有机气溶胶在不利气象条件下易引发 $PM_{2.5}$ 污染。

64. 影响大气中 VOCs 迁移转化的因素有哪些？

影响大气中 VOCs 迁移的因素主要包括气象条件和 VOCs 自身性质等因素。水平和垂直方向上的风速能在很大程度上决定 VOCs 迁移的速度与距离，风速越大则 VOCs 迁移距离越远，降雨等因素则会影响 VOCs 的沉降；VOCs 自身的物理化学性质同样会影响 VOCs 的迁移，高活性的 VOCs 物种在迁移过程中会快速损耗，低活性、长寿命的物种则由于反应慢而扩散距离较远，甚至可能成为具有区域性乃至全球性环境效应的物质。影响 VOCs 转化的因素主要是化学因素，既包括 VOCs 自身反应能力的强弱，也包括环境空气中氧化剂的浓度和氧化能力。高反应活性的 VOCs，在较强氧化能力的环境中，转化速率会大大加快。

65.VOCs 的人体健康效应有哪些？

环境空气中部分 VOCs 具有特殊气味并且表现出刺激性、腐蚀性、器官毒性、致癌性，对人体健康造成较大的影响。某些 VOCs 可使皮肤出现丘疹、瘙痒等症状，对眼、鼻、呼吸道等有刺激作用，导致眼睛、鼻子、喉咙发炎，严重时可引起气喘、神志不清、晕厥、呕吐及支气管炎等；引起胃胀、胃痛，损伤肝、肾，影响中枢神经系统，引发头疼等症状；一些挥发性有机物（如苯、芥子气、氯乙烯、4- 氨基联苯、双氯甲醚和工业品级氯甲醚、甲醛）被认为或者已经被证实对人体具有致癌效应，室内长期暴露于高浓度 VOCs 下会增加得肺癌、白血病和淋巴瘤的概率。

66. VOCs 进入人体的途径有哪些？

VOCs 是室内外空气中普遍存在且成分复杂的一类有机污染物。它易通过呼吸道、消化道和皮肤进入人体而产生毒害。

研究表明，一般情况下室内空气中 VOCs 的浓度是室外的 2 ～ 5 倍，新装修的家庭住宅中 VOCs 污染更加严重，浓度是室外的 10 倍以上，室内 VOCs 污染对人体的健康风险引起了人们广泛的关注。

长期从事房屋装修和涂料涂刷的工人，涂装车间里的作业工人，工业区、交通干道周边的人员是 VOCs 暴露的高危人群，致癌等健康风险很高。

67. 美国 EPA 优先控制的 VOCs 有哪些？

美国国家环境保护局（EPA）对有毒物质的相关定义是：有毒空气污染物，也称空气有毒物质，是指那些已知的或者可能引起癌

症或其他严重的健康影响的污染物，EPA 优先控制的 187 种污染物中有 33 种属于挥发性有机物，主要包括苯系物、烃类、酯类和酮类，其中苯、甲醛、三氯甲烷、四氯乙烯等已被 WHO 确定为对动物具有致癌和致畸性。

68. 吸入 VOCs 会诱发癌症吗?

世界卫生组织公布的环境致癌物质报告中，属于一级致癌物的苯、芥子气、氯乙烯、4- 氨基联苯、双氯甲醚和工业品级氯甲醚、甲醛，对人类致癌证据确凿；二级致癌物中的丙烯腈、四氯化碳、四氯乙烯、

三氯乙烯、环氧乙烷、硫酸二甲酯、多氯联苯类，动物试验致癌证据确凿；三级致癌物中的苯乙烯、三氯乙烯，动物试验致癌证据充分；上述物质都属于 VOCs，均具有吸入毒性，会诱发癌症。

69. 甲醛对人体健康有什么影响？

甲醛属于高毒性物质，高居我国有毒化学品优先控制名单第二位。它具有刺激性气味，浓度为 0.06 ～ 1.2 mg/m^3 时，鼻子可闻到异味，对眼睛、呼吸道有刺激作用。浓度为 0.06 ～ 0.07 mg/m^3 时，儿童会轻微气喘；在浓度约为 5 mg/m^3 时，暴露 30 min，会流眼泪，引起咽喉不适；浓度过高（大于 30 mg/m^3）时，会出现急性症状，如恶心呕吐、胸闷气喘、水肿、肺炎等，严重者危及生命。

根据流行病学调查，有充分的证据证明：高甲醛暴露浓度和鼻咽癌发病率有明显正相关性。动物试验结果显示，甲醛浓度高于16.7 mg/m³会导致实验老鼠明显癌变。目前，甲醛已被世界卫生组织（WHO）的国际癌症研究机构（IARC）及美国健康和公共事业部、美国公共卫生局列入一类致癌物质。

70. 苯系物对人体健康有什么影响？

苯类物质具有神经麻醉作用，主要经过呼吸道和皮肤吸入中毒。在浓度为 160 ～ 480 mg/m^3 的环境中接触 5 h，会产生头痛、乏力、疲劳等症状；在浓度高于 4 800 mg/m^3 的环境中接触超过 1 h 便会产生严重中毒症状，更甚者危及生命。苯系物的慢性健康效应是通过抑制骨髓造血功能而表现为各类血细胞（白血球、红血球、血小板）减少和发育不全等症状；对外耳道腺、肝脏、乳腺和鼻腔都有致癌作用，被列为世界卫生组织的国际癌症研究机构认证的一级致癌物之首。流行病学调查发现，在由于职业原因暴露于高浓度苯环境的人群中，患白血病的人数不断升高。

71. PX 对人体健康有什么影响？

对二甲苯（PX）是生产对苯二甲酸（PTA）的主要原料，它们既是石油精炼的产物，也是石油化工业的原料。对二甲苯一般通过皮肤接触、眼睛接触、吸入和直接摄入对人体造成危害。直接接触对二甲苯，会对眼睛和皮肤产生刺激性。吸入对二甲苯蒸汽会刺激呼吸系统，吸入的对二甲苯在人体肺部中的吸收率为 62% ～ 64%，长时间吸入对二甲苯会引起肝、肾以及心血管的慢性疾病。吸入高浓度对二甲苯会影响神经系统，导致头痛、头晕、恶心，甚至导致失忆、反应变迟缓、平衡能力降低。通过对白鼠的实验发现，长时间暴露在高浓度 PX 中，会丧失听力，导致昏迷或者死亡。当白鼠暴露在对二甲苯浓度为 2 ～ 20 mg/L 的空气中 4 h 时，50% 的白鼠死亡。根据世界卫生组织下属的国际癌症研究机构对致癌物质的分类，PX 属于第三类，即无法确定其致癌性，但与第四类（无致癌性）是有区别的。

72. 卤代烃对人体健康有什么影响？

卤代烃类有：

二氯甲烷：可影响中枢神经系统，在人体中产生碳氧血红蛋白（COHb），影响供氧。它在油漆喷涂作业中会大量产生，短期吸入浓度高于 1 050 mg/m^3 的二氯甲烷会导致人暂时性行为感知反应异常，并对鼻咽有刺激作用。其致癌性在动物试验中证据充分，被国际癌症研究机构列为可疑致癌物质。

二氯乙烷：一次大量摄入二氯乙烷会导致头晕、精神不振、昏迷、呕吐、心律不齐、肺水肿、支气管炎、出血性胃炎、结肠炎，甚至脑部组织发生改变。

氯乙烯：轻度接触低浓度氯乙烯会导致眩晕、胸闷、嗜睡、步态蹒跚，接触高浓度氯乙烯可发生昏迷、抽搐甚至死亡。长期接触会损害人体皮肤以及导致肝功能和消化功能异常。氯乙烯为致癌物质，可引发肝血管瘤。

三氯乙烯：三氯乙烯具有遗传毒性和致癌性，会对肝脏、中枢神经系统产生损伤，已被国际癌症研究机构列入二级很可能致癌物质（Group 2A）。

四氯乙烯：低浓度四氯乙烯中毒会导致暂时性情绪与行为异常，头晕头痛，嗜睡甚至昏迷。一次性大量吸入四氯乙烯则会严重刺激上呼吸道，导致肾功能紊乱。它具有肝脏、肾脏致癌风险，被国际癌症研究机构列为二级很可能致癌物质（Group 2A）。

73. VOCs 有哪些区域效应与全球效应？

VOCs 由于其特性及组成，不仅会造成人体健康危害及引发环境污染，更会产生深远的区域和全球效应。VOCs 通过一系列复杂的大气过程会造成区域的能见度下降、雾霾等环境问题，洛杉矶光化学烟雾、北京雾霾事件等都是典型的区域污染事件。

VOCs 中的痕量气体及其反应产生的二次污染物会直接或间接地造成全球范围内的环境效应。一方面，部分 VOCs 具有与 CO_2 等温室气体同样的温室效应，造成全球气候变暖；另一方面，VOCs 经过复杂反应生成的二次有机气溶胶会影响地球的辐射平衡，产生阻隔太阳辐射、造成地表温度降低的“阳伞效应”。此外，VOCs 还会通过大气化学反应间接影响云雨过程，进而影响全球的水循环。

由此可见，VOCs 通过直接和间接作用，对区域环境和全球气候都产生了较大的影响。

74. VOCs 如何影响大气氧化性？

光化学烟雾事件、雾霾事件等大气污染事件的发生与大气氧化性有着十分密切的关系，大气氧化性主要体现在环境大气中 O_3、·OH 自由基、过氧自由基等物质的浓度水平上，而 VOCs 对上述氧化性物质生成过程中的促进和抑制起着十分重要的作用。VOCs 浓度水平升高，会打破清洁大气中原有的光化学平衡，它可以与·OH、·RO 等自由基反应生成 HO_2、RO_2 等过氧自由基，并造成 O_3 浓度的积累，进而提升大气氧化性。一般而言，VOCs 浓度水平较高的区域，通常具有较强的大气氧化性，其发生大气污染性事件的可能性也较大。

75. VOCs 对环境臭氧浓度有什么影响？

从全球尺度来看，人们所关心的环境臭氧主要有两个来源：天然来源主要是平流层 O_3 的注入，人为来源则主要是机动车尾气等排放的 NO_x 与 VOCs 等污染物反应产生 O_3。从近一百多年的时间来看，O_3 的浓度是逐年升高的，每年大约升高 1.6%，O_3 环境浓度升高的原因是 NO_x 与 VOCs 等污染物的浓度增加。随着 VOCs 等污染物的排放，环境臭氧浓度的变化呈现出一定的季节性及区域性，城市 O_3 浓度比乡村高得多。但 O_3 的浓度变化与 VOCs 的浓度变化并不呈线性关系，实施通过控制 VOCs 来控制 O_3 的策略时，需综合考虑区域中各类污染物的含量。

76. VOCs 对二次有机气溶胶（SOA）的生成有什么影响？

二次有机气溶胶（Secondary Organic Aerosol，SOA）是细颗粒物的重要组成部分，它是由人类活动或者天然源直接排放的 VOCs 或 SVOC 在大气中经过一系列的氧化、吸附、凝结等过程生成的悬浮于大气中的微粒。同一种 VOCs 经过氧化进而生成的 SOA 可能含有上百种化合物，而且不同的产物极性水平不同，目前还没有一种方法可以用来完全直接测量大气中的 SOA。VOCs 转化生成 SOA 的产率可以用参数化方法进行估算。从文献报道的结果来看，SOA 的主要前体物通常包括异戊二烯、萜烯、芳香烃等，但在不同地区，这些前体物对 SOA 的相对贡献有很大差异。因此，控制 SOA 时需要从各地实际情况出发，寻找出最重要的前体物加以控制。

77. VOCs 与大气复合污染有什么关系？

所谓大气复合污染是指大气中多种污染物在一定的大气条件下（如温度、湿度、阳光等）发生多种界面间的相互作用、彼此耦合构

成的复杂大气污染体系。VOCs 是光化学烟雾污染的重要前体物，在光照条件下能与氮氧化物发生光化学反应生成臭氧及其他光化学氧化物；同时 VOCs 也是二次有机气溶胶的重要前体物，在大气中经过一系列的氧化、吸附、凝结等过程生成悬浮于大气中的细粒子。臭氧和细粒子是复合型大气污染的特征污染物，因此，VOCs 是大气复合污染的重要前体物，要控制大气复合污染就要对 VOCs 予以关注并加强监测、控制和治理。

78. VOCs 与气候变化有什么关系？

CH_4 吸收波长为 7.7 μm 的红外辐射，将辐射转化为热量，影响地表温度，从而造成温室效应。除 CH_4 外的 VOCs 的大气寿命很短，对辐射的直接影响很小，主要通过参与光化学反应和生成有机气溶胶来影响气候。VOCs 在光照条件下与氮氧化物发生光化学反应生成温室气体臭氧，从而造成温室效应。除此之外，VOCs 在大气中经过氧化、吸附、凝结等过程生成二次有机气溶胶，气溶胶作为云凝结核，使地气系统的能量失衡，从而影响区域和全球气候，大量的细粒子气溶胶还会形成严重的雾霾天气。

79. VOCs 会影响气候变化吗？

人为活动排放的二氧化碳、甲烷等多种温室气体以及气溶胶可以改变大气辐射收支，引起气候变化。大多数 VOCs 并不能显著地直接改变辐射收支。但是，VOCs 和氮氧化物等在紫外光照的作用下，发生一系列光化学反应，生成臭氧、二次有机气溶胶等污染物，引起对流层臭氧和气溶胶增加。VOCs 参与形成的气溶胶作为全球气溶胶的一部分，也具有直接的辐射效应，并且还可以通过影响云的形成、液滴尺寸及滞留时间而间接地影响气候，其总的效果是起降温作用。由此可见，VOCs 的长期变化是可以间接地引起气候变化的。

第四部分 VOCs 的环境管理

80. 我国 VOCs 污染控制与管理经历了怎样的发展历程？

目前，我国 VOCs 污染控制的政策体系已初步形成，相关工作正在开展。2011 年国务院办公厅印发《关于推进大气污染联防联控工作改善区域空气质量的指导意见》，首次将 VOCs 列为我国大气污染防治的重点污染物。2011 年《国务院关于加强环境保护重点工作的意见》的提出，则十分有力地推动了 VOCs 污染防治工作的开展。同年发布的《国家环境保护"十二五"科技发展规划》则提出研发具有自主知识产权的 VOCs 典型污染源控制技术及相应工艺设备，并筛选出最佳可行的大气污染控制技术。2012 年国务院批复的《重点区域大气污染防治"十二五"规划》是我国第一部综合性大气污染防治规划，该规划提出到 2015 年，重点区域的挥发性有机物污染防治工作全面展开。2013 年国务院发布的《大气污染防治行动计划》确定了 10 项具体措施，其中明确提出推进挥发性有机物污染治理，并在有机化工、表面涂装、包装印刷等行业实施挥发性有机物综合整治。2013 年 5 月发布的《挥发性有机物（VOCs）污染防治技术政策》提出到 2015 年基本建立起重点区域 VOCs 污染防治体系，到 2020 年基本实现 VOCs 从原料到产品、从生产到消费的全过程减排要求。

81. 我国 VOCs 污染控制的现状如何？

我国 VOCs 污染排放量大、面广，只在少数行业采取了 VOCs 控制措施，其中一般根据排放废气中 VOCs 的浓度和回收价值来选择回收或销毁的处理技术。VOCs 污染的控制在我国起步晚，且多以无组织形式排放，长久以来一直未被纳入常规污染管理之列。

现有大气污染源排放标准中，《大气污染物综合排放标准》（GB 16297—1996）、《橡胶制品工业污染物排放标准》（GB 27632—2011）和《恶臭污染物排放标准》（GB 14554—1993）等不同程度地对部分 VOCs 排放进行了规定。此外，部分省市（如北京市和广东省）也制定了一些针对 VOCs 排放的地方标准，一些国家排放标准也开始制订。关于 VOCs 监测技术方法，相关采样及分析方法的研究工作在国内已经大量开展，但独立的国家标准尚未发布。目前我国尚缺乏 VOCs 排放状况的权威基础数据，法律法规及配套标准和监测规范尚不完善，经济有效的控制技术急需研发，统一规范的管理体系仍在建立之中，监管体系有待健全。

82. 国家《大气污染防治行动计划》对 VOCs 污染控制有什么要求？

2013 年 9 月，国务院发布的《大气污染防治行动计划》要求：推进挥发性有机物污染治理。在石化、有机化工、表面涂装、包装印刷等行业实施挥发性有机物综合整治，在石化行业开展“泄漏检测与修复”技术改造。限时完成加油站、储油库、油罐车的油气回收治理，在原油、成品油码头积极开展油气回收治理。完善涂料、胶黏剂等产品挥发性有机物限值标准，推广使用水性涂料，鼓励生产、销售和使用低毒、低挥发性有机溶剂。

全面推行清洁生产。推进非有机溶剂型涂料和农药等产品创新，减少生产和使用过程中挥发性有机物排放。

适时提高排污收费标准，将挥发性有机物纳入排污费征收范围。

83.《重点区域大气污染防治“十二五”规划》对 VOCs 污染控制有什么要求？

2012 年 9 月，国务院批准颁布的《重点区域大气污染防治“十二五”规划》（以下简称《规划》）中明确提出将 VOCs 的污染防治列为大气污染联防联控的重点工作之一，将挥发性有机物污染控制作为建设项目环境影响评价的重要内容，采取严格的污染控制措施。

《规划》要求，开展 VOCs 排放摸底调查，完善重点行业 VOCs 排放控制要求和政策体系，全面开展加油站、储油库和油罐车油气回收治理，大力削减石化行业挥发性有机物排放，积极推进有机化工等行业挥发性有机物控制，加强表面涂装工艺挥发性有机物排放控制，推进溶剂使用工艺挥发性有机物治理。

84.《重点区域大气污染防治“十二五”规划》对重点行业 VOCs 污染防治有哪些具体要求？

开展 VOCs 排放摸底调查，制定分行业挥发性有机物排放系数，编制重点行业排放清单；在复合型大气污染严重地区，开展大气环境挥发性有机物调查性监测；完善重点行业 VOCs 排放控制要求和政策体系，制定典型行业挥发性有机物排放标准、清洁生产标准和工程技术规范；制定完善挥发性有机物测定方法标准、监测技术规范

以及监测仪器标准；制定含有机溶剂产品的环境标志产品认证标准；制定和实施区域内含有机溶剂产品销售使用准入制度；建立有机溶剂使用申报制度。全面开展加油站、储油库和油罐车油气回收治理，重点控制区 2013 年年底前完成，一般控制区 2014 年年底前完成；建设油气回收在线监控系统平台试点，实现对重点储油库和加油站油气回收远程集中监测、管理和控制。大力削减石化行业挥发性有机物排放， 推行 LDAR（泄漏检测与修复）技术；储存设施全部采用高效密封的浮顶罐，或安装顶空联通置换油气回收装置，将原油加工损失率控制在 6‰以内； 建设工艺废气综合利用系统；或采用焚烧、吸收、吸附、冷凝等方式处理；废水收集系统加盖密闭，并收集废气净化处理。积极推进有机化工等行业挥发性有机物控制，提升企业装备水平，严格控制跑冒滴漏；原料、中间产品与成品密闭储存；实际蒸气压大于 2.8 kPa、容积大于 100 m^3 的有机液体储罐，采用浮顶罐或安装密闭排气系统进行净化处理；生产工序密闭，有机废气净化效率不低于 90%；排放有毒、恶臭等 VOCs 的有机化工企业须安装 CEMS 系统。加强表面涂装工艺挥发性有机物排放控制，推进汽车、船舶、集装箱、电子产品、家用电器、家具制造、装备制造、电线电缆等行业表面涂装工艺 VOCs 的污染控制；提高水性、高固分等低挥发性有机物含量涂料的使用比例；推广汽车行业先进涂装工艺技术的使用；表面涂装工序密闭作业，有机废气净化率达到 90% 以上。推进溶剂使用工艺挥发性有机物治理，包装印刷业烘干车间需安装活性炭吸附设备回收有机溶剂，对车间有机废气进行焚烧净化处理，净化效率达到 90% 以上；在纺织印染、皮革加工、制鞋、人造板生产、日化等行业，积极推动使用低毒、低挥发性溶剂，开展挥发性有机物收集、净化处理。

85.《石化行业挥发性有机物综合整治方案》的工作思路和目标是什么？

为贯彻落实《大气污染防治行动计划》，大力推进石化行业挥发性有机物污染治理，环境保护部组织编制了《石化行业挥发性有机物综合整治方案》。

工作思路：全面开展石化行业 VOCs 综合整治，大幅减少石化行业 VOCs 排放，促进环境空气质量改善。严格控制工艺废气排放、生产设备密封点泄漏、储罐和装卸过程挥发损失、废水废液废渣系统逸散等环节及非正常工况排污。通过实施工艺改进、生产环节和废水废液废渣系统密闭性改造、设备泄漏检测与修复、罐型和装卸方式改进等措施，从源头减少 VOCs 的泄漏排放；对具有回收价值的工艺废气、储罐呼吸气和装卸废气进行回收利用；对难以回收利用的废气按照相关要求处理。

目标：到 2017 年，全国石化行业基本完成 VOCs 综合整治工作，建成 VOCs 监测监控体系，VOCs 排放总量较 2014 年削减 30% 以上。

86 如何对 VOCs 实施总量控制？

VOCs 污染物的总量控制，就是对某个划定的区域，根据相应的大气环境质量目标，计算其一定时段内所有污染源允许排放的 VOCs 的总量，并将这个总量合理地划分给各个现有的污染源，即确定出各个污染源允许排放的 VOCs 的量；而通过对这个区域总量的控制，也

就是对各个污染源允许排放的 VOCs 量的控制，实现该区域的 VOCs 控制目标，进而实现其大气环境质量目标。

目前，还缺乏人为排放 VOCs 总量的准确数据，近期内对 VOCs 还不能实施传统方式的总量控制，应该实施区域内 VOCs 的减量控制，或者称为减排控制。

87. 为什么要对 VOCs 实施排污收费？

排污收费，是对那些向环境中排放了超过规定标准污染物的排污者，依照相关国家法律法规按一定的标准征收费用。排放收费将排污者的污染防治责任与其经济利益直接关联起来，促进排污者通过改变落后的生产工艺、淘汰落后设备、高效节约利用资源、能源等实现

清洁生产，引进或加强现有的治理技术乃至自主创新以进行有效的末端治理，并健全经营管理制度，以实现自身经济与环境效益的最大化。征收的排污费可作为环境保护专款资金，由环境保护部门会同财政部门统筹安排使用，可用于重点污染源、区域性污染的防治，防治技术工艺的开发、示范和应用及环境污染的综合治理等。总而言之，排污收费作为环境保护的经济手段，促进了经济、社会和环境效益的统一。对 VOCs 进行排污收费，表明 VOCs 已成为我国重要的污染控制对象，势必会极大地推动我国的环境管理进程，改善我国环境空气质量。在《重点区域大气污染防治“十二五”规划》和《大气污染防治行动计划》中都明确提出要实施 VOCs 排污收费政策。

88. 发达国家及地区的 VOCs 控制措施有哪些？

美国已经建立了比较完善的 VOCs 控制、管理法律法规政策体系，实行分行业控制和分类型控制。主要的 VOCs 排放行业都有相应的法律法规，同时对工业生产的各 VOCs 的排放环节进行了全面控制。固定源排放控制中，区分了对新旧源的不同控制要求，规定了新源执行标准。美国国家环境保护局将固定源的空气污染物分为常规污染物和有毒污染物两类，其对大气污染物的管理主要基于对人体健康的影响，对 VOCs 制定的政策法规、标准也是以公共健康和福祉为基础，美国政府定期进行全国范围内有毒空气污染物风险评估，并建立基于风险评估模型和污染物普查结果的有毒空气污染物控制基准体系。

欧盟相关机构制定的法规政策主要以指令形式传达到各成员国，由各国根据本国具体情况依照指令转换成自己的法律和政策。欧盟实行 VOCs 分级控制标准，标准中规定了分类方法及分类控制要求。

欧盟实行 VOCs 排放信息公开制度，欧洲注册处可使公众了解到约 12 000 个工业设施向空气和水体排放情况的详细信息。欧盟委员会还启动了两年一次的评估，请所有利益相关方来检验和讨论如何改进工业排放法规，以更好地保护环境和人体健康。这个评估的结果也将为欧盟整体水平的环保行动提供证据。

2004 年日本国会通过了《大气污染防止法》的修正法，其中有关 VOCs 的内容包括排放装置的信息申报登记、排放标准和检测义务。标准参照欧美的方法，对 VOCs 污染源按规模进行分类。从对一定规模以上的排放标准限值来看，日本的 VOCs 控制标准还是比较宽松的，但其法规标准体系中除对于大的污染源通过法规标准强制减排外，2/3 的目标减排量通过行业协会组织协调由企业自行弹性完成，环保管理机构组织专家进行检查评估和指导。日本将污染源登记申报作为法律义务，并给出了详细的指导，这样就可以得到比较确切的污染源排放信息，为下一阶段的决策提供真实信息。法规中对排放测试方法也比较重视，还为企业开展 VOCs 控制提供了融资和税收方面的优惠。

我国台湾地区于 1997 年颁布了《挥发性有机物空气污染管制及排放标准》以及相关的监督检查、奖励处罚等配套管理制度，对石化行业的 VOCs 排放控制进行了严格的规定。在持久性有机污染物的管制方面，1997 年后陆续颁布了《废弃物焚化炉戴奥辛管制及排放标准》《钢铁业集尘灰高温冶炼设施戴奥辛管制及排放标准》等 5 项行业戴奥辛排放标准，2006 年颁布了《固定污染源戴奥辛排放标准》及其相关的配套实施政策。通过对《空气污染防制法》的不断改进，对固定源和移动源排放标准的不断修订和加严，以及固定源《挥发性有机物空气污染管制及排放标准》的建立，配合相关监督检查、奖励处罚等配套管理制度的实施，进入 21 世纪以后有效抑制了 VOCs 的污染问题。

89. 当前有哪些主要环保标准涉及 VOCs 控制？

（1）国家标准

《中华人民共和国大气污染防治法》（2016 年修订实施）

《大气污染物综合排放标准》（GB 16297—1996）

《工作场所有害因素职业接触限值　第 1 部分：化学有害因素》（GBZ/2.1—2007）

《室内空气质量标准》（GB/T 18883—2002）

《炼焦化学工业污染物排放标准》（GB 16171—2012）

《恶臭污染物排放标准》（GB 14554—1993）

《乘用车内空气质量评价指南》（GB/T 27630—2011）

（2）地方标准

①北京市地方标准

《大气污染物综合排放标准》（DB11/501—2015）

《炼油与石油化学工业大气污染物排放标准》（DB11/ 447—2015）

《车用汽油》（DB 11/ 238—2012）

《车用柴油》（DB 11/ 239—2012）

《储油库油气排放控制和限值》（DB 11/206—2010）

②广东省地方标准

《大气污染物排放限值》（DB 44/27—2001）

《集装箱制造业挥发性有机物排放标准》（DB44/1837—2016）

《表面涂装（汽车制造业）挥发性有机化合物排放标准》（DB 44/816—2010）

《家具制造行业挥发性有机化合物排放标准》（DB 44/814—2010）

《印刷行业挥发性有机化合物排放标准》（DB 44/815—2010）

（3）行业标准

目前我国并没有专门的 VOCs 行业标准，有些行业会涉及有机溶剂及有害物质的含量限值，但涉及的 VOCs 污染物种类较少。

90. 我国有哪些与保护人体健康相关的 VOCs 管理法规？

《国内交通卫生检疫条例》

《中华人民共和国水污染防治法实施细则》

《农业转基因生物安全管理条例》

《国务院关于修改〈农药管理条例〉的决定》

《使用有毒物品作业场所劳动保护条例》

《中华人民共和国药品管理法实施条例》

《中华人民共和国中医药条例》

《突发公共卫生事件应急条例》

《医疗废物管理条例》

《麻醉药品和精神药品管理条例》

《易制毒化学品管理条例》

《防治海洋工程建设项目污染损害海洋环境管理条例》

《中华人民共和国食品安全法实施条例》

《防治船舶污染海洋环境管理条例》

《城镇排水与污水处理条例》

《职业健康监护管理办法》

《放射工作人员职业健康管理办法》

《公共场所卫生管理条例实施细则》

91. 新《环境空气质量标准》的实施与 VOCs 的控制有关系吗？

新《环境空气质量标准》的实施与 VOCs 的控制有密切的关系。

新《环境空气质量标准》较旧标准，调整了污染物项目及限值：增设了 $PM_{2.5}$ 平均浓度限值和臭氧 8 小时平均浓度限值，收紧了 PM_{10}、二氧化氮、铅和苯并 [*a*] 芘等污染物的浓度限值。

一次污染物（VOCs、NO_x）是形成二次污染物（臭氧、细颗粒物）的重要前体物，因此，新《环境空气质量标准》关于增设 $PM_{2.5}$ 及臭氧浓度限值等的相关要求与 VOCs 的控制有密切的关系。

92.《室内空气质量标准》对 VOCs 的限制有哪些？

《室内空气质量标准》中有关 VOCs 的主要控制指标有甲醛、苯、甲苯、二甲苯、苯并芘以及总挥发性有机物。

指标	单位	标准值	备注
甲醛	mg/m^3	0.10	1h均值
苯	mg/m^3	0.11	1h均值
甲苯	mg/m^3	0.2	1h均值
二甲苯	mg/m^3	0.2	1h均值
苯并芘	ng/m^3	1.0	24h均值
总挥发性有机物（TVOC）	mg/m^3	0.6	8h均值

93.《大气污染物综合排放标准》中关于 VOCs 的规定有哪些？

《大气污染物综合排放标准》中规定了苯、甲苯、二甲苯、酚类、甲醛、乙醛等挥发性有机污染物的最高允许排放浓度、最高允许排放速率以及无组织排放监控浓度限值。

指标	单位	标准值	备注
苯	mg/m^3	17	最高允许排放浓度
甲苯	mg/m^3	60	最高允许排放浓度
二甲苯	mg/m^3	90	最高允许排放浓度
酚类	mg/m^3	115	最高允许排放浓度
甲醛	mg/m^3	30	最高允许排放浓度
乙醛	mg/m^3	150	最高允许排放浓度
丙烯腈	mg/m^3	26	最高允许排放浓度
丙烯醛	mg/m^3	20	最高允许排放浓度
甲醇	mg/m^3	220	最高允许排放浓度
苯胺类	mg/m^3	25	最高允许排放浓度
氯苯类	mg/m^3	85	最高允许排放浓度
硝基苯类	mg/m^3	20	最高允许排放浓度
氯乙烯	mg/m^3	65	最高允许排放浓度
苯并[a]芘	mg/m^3	0.5×10^{-3}	最高允许排放浓度

《大气污染物综合排放标准》中规定了苯、甲苯、二甲苯、酚类、甲醛、乙醛等挥发性有机污染物的最高允许排放浓度、最高允许排放速率以及无组织排放监控浓度限值。

94. 发达国家 VOCs 的防治法规有哪些？

美国、欧盟和日本等发达国家及地区较早地开展了 VOCs 排放控制工作，截至目前已形成了清晰、系统的 VOCs 污染控制思路，积累了较成熟的环境管理经验，其法律法规、标准要求值得我们参考和学习。

（1）美国

美国对 VOCs 污染控制的最终目标是达到国家环境空气质量标准的臭氧含量要求。其主要手段是以《清洁空气法》的规定为基本依据，通过美国国家环境保护局制定和颁布污染排放标准和控制技术指南等一系列重要法规和指南文件，指导州、地方环保局及企事业团体执行 VOCs 排放限制。分“两步骤”，首先控制汽车排放的 VOCs、NO_x，然后控制工业挥发性有机污染物，同时根据大气中的 O_3 浓度采取地区臭氧分级控制措施，要求 O_3 浓度不合格的地区递交 15% 的 VOCs 削减计划。

（2）日本

日本早期的 VOCs 污染控制始于《大气污染防止法》《恶臭防止法》中对光化学氧化剂、恶臭物质的限制。2004 年，日本环境省对《大气污染防止法》进行修订，增加了对 VOCs 控制的要求；2005 年相关部门完成了《大气污染防止法实施令》（内阁）、《大气污染防止法实施细则》（部长级条例）的修订，并规定了挥发性有机化合物的浓度测量方法。2006 年 4 月，针对工业 VOCs 排放设施的控制法规正式实施，该法规将工厂企业的自愿减排与强制性排放规定进行了适当结合。

（3）欧盟

欧盟环保标准大多以指令（Directives）的形式传达到各成员国，由各国根据本国实际情况将指令转换成本国的法规和政策。在 VOCs 污染控制方面，欧盟颁布的指令主要有：《环境空气质量和欧洲更清洁空气指令》（Directive 2008/50/EC）、《国家排放上限指令》（Directive 2001/81/EC）、《溶剂指令》（Directive 1999/13/EC）、《涂料指令》（Directive 2004/42/EC）、《汽油储存和配送指令》（Directive 94/63/EC）以及《综合污染防治指令》（Directive 96/61/EC，2008/1/EC）。

95. 环境空气中 VOCs 常用的监测方法有哪些？

大气 VOCs 的监测方法主要包括离线技术和在线技术，这些技术通常包括采样、预浓缩、分离和检测几个过程。空气中 VOCs 的采样方式可分为直接采样、有动力采样和被动式采样。样品预处理方法有溶剂解析法、固相微萃取法、低温预浓缩—热解析法等。分析 VOCs 的方法有气相色谱法、高效液相色谱法、气相色谱—质谱法以及最新发展的质子转移反应质谱法技术等。

离线技术与在线技术的对比：离线技术尽管定性与定量较为准确，分析测试灵敏度较高，但监测频次和监测结果的时效性明显不足，无法及时反映气体浓度变化情况，且在采样、样品储存、运输过程中易导致样品损失和交叉污染，测试过程烦琐、耗时，测试样品数量有限，测试成本较高。

96. 污染源 VOCs 的监测方法及其优缺点有哪些？

（1）采样方法

① 容器捕集法：将内壁经硅烷化处理的不锈钢罐内部抽成真空后，用减压或加压的方式采样。该法可以采集整个空气样品，避免吸

附剂采样的穿透和分解，并可同时分析其中的多种组分。但该技术前期投入较大，目前在国内应用较少。该法对低浓度（10^{-9} 级）往往因缺少相应的稳定标准物质而无法准确定值，同时仪器的检测限也限制了该方法的推广应用。

② 吸附法：用固体吸附剂捕获空气中 VOCs。常见的固体吸附剂有 Tenax 管、活性炭管、活性炭纤维管和混合吸附剂等。单一的吸附剂很难满足宽沸点范围的 VOCs 的收集。

③ 固相微萃取法（SPME）：固相微萃取装置由萃取头和手柄两部分组成。采样时利用手柄将萃取头推出，使其直接暴露于室内空气中进行采样，无须动力。SPME 操作简单方便、无须有机溶剂，集采样、萃取、浓缩和进样于一体。

（2）样品预处理方法

① 溶剂解吸法：溶剂解吸具有成本低廉和操作简单等优点。但由于解吸液体积远大于样品体积，因此对样品的解吸将导致灵敏度降低；溶剂不纯或实验室污染等会引入较大误差。

② 热解吸法：在对吸附剂进行加热的同时通入载气，使被吸附的 VOCs 解吸进入色谱柱。热解吸优点是灵敏度较高，可避免溶剂对分析的干扰，但样品回收率较低。

（3）常用分析方法

① 气相色谱法（GC）：对采集的样品在 GC 内利用物质在两相中分配系数的微小差异进行分离。根据基本数据包括与定性有关的保留时间、与定量有关的峰面积得到样品所含物质。

色谱具有高效能、高选择性、高灵敏度、分析速度快和应用范围广等特点，并对多组分有机混合物的定性、定量分析效果好。在气相色谱法中使用氢火焰离子化检测器（FID）对有机污染物进行定性和定量测定是较成熟的方法。

② 气相色谱 / 质谱联用分析技术（GC—MS）：对采集的样品在 GC 内利用物质在两相中分配系数的微小差异进行分离，经过分离后的物质在 MS 内进行离子化，然后利用不同离子在电场或磁场中的运动行为的不同，把离子按质荷比分开而得到质谱。通过样品的相关信息，可以得到样品的定性定量结果。

与 GC 法相比，GC—MS 法除了具有高分离能力和准确的定性鉴定能力，可以对未知样进行分析外，还能够检测尚未分离的色谱峰，且灵敏度高，数据可靠。

第五部分
VOCs 的防控技术

97. VOCs 控制的基本思路是什么？

一是源头控制。从源头上减少或避免 VOCs 的排放是污染控制的首选途径，主要包括清洁生产和原料替代。清洁生产即注重生产全过程的物料回收，充分实现再回收、再利用，防止和减少污染的产生；原料替代即使用无毒低毒的原材料，推广使用水性涂料及低有机溶剂的涂料。

二是过程控制。从能源、技术、工艺、设备等方面入手，提高企业的装备水平，最大限度地减少生产过程中的 VOCs 产生与逸散，对最终实现有机废气排放的最小化、资源利用的最大化有积极意义。

三是末端治理。针对企业自身的废气排放特点，因地制宜地选取合适的处理工艺，必要时采用两种或多种工艺联合、多级处理，可实现企业有机废气的达标排放。

98. 如何控制工业生产过程中的 VOCs 无组织排放？

控制工业生产过程中的VOCs无组织排放，主要从以下两方面着手：

（1）与设备泄漏有关的VOCs排放，建议的防控手段包括：一是设备改造；二是实施泄漏探测和维修计划，通过定期监测来探测泄漏，在预定的时间期间内实施维修，从而控制无组织排放物。

（2）与敞口桶及混合工艺中化学品处理有关的VOCs排放，一般的防控手段包括：一是改用挥发性较低的物质，例如水性溶剂；二是使用抽气设备收集蒸气，然后对气流进行处理，用冷凝器等控制设备或活性炭吸附等方法除去VOCs；三是使用抽气设备收集蒸气，然后使用破坏性控制设备，如催化焚烧炉、热焚烧炉、封闭式氧化火炬等对气流进行处理；四是储罐采用浮动顶盖，消除传统储罐的顶部空间，从而减少油气、溶剂的挥发量。

99. 工业VOCs的末端治理技术有哪些？

末端治理技术可分为回收和销毁两大类。对于高浓度的VOCs废气，可首先采用冷凝、吸收、吸附等技术对废气中的VOCs进行回收利用，辅之以其他治理技术实现达标排放。对于中等浓度的VOCs废气，可采用吸附技术回收有机溶剂，或采用催化燃烧和热力焚烧技术净化后达标排放。对于低浓度VOCs废气，可采用吸附浓缩燃烧技术、生物技术或等离子体技术等净化后达标排放。目前常用的VOCs治理技术及应用范围见下表。

常用 VOCs 治理技术及应用范围

治理技术	应用范围
吸附回收	浓度较高、组分单一并且具有回收价值的 VOCs 治理，如涉及有机溶剂生产和使用的相关行业以及加油站油气回收
催化燃烧	风量较小、浓度适中、排放稳定的 VOCs 治理，如漆包线、汽车、家电、设备制造的喷涂与烘烤漆工艺
吸附浓缩 - 催化燃烧	大风量、低浓度或 VOCs 排放浓度波动大的 VOCs 治理，如喷涂或印刷等行业
蓄热燃烧	高浓度、排放稳定、成分复杂或组分可使催化剂中毒的 VOCs 治理，如橡胶生产行业
生物净化	小风量、低浓度或有异味的 VOCs 治理，如污水、堆肥等处理
膜分离	高浓度 VOCs 治理

100. 燃烧法去除 VOCs 的原理及特点是什么？

燃烧法去除 VOCs 的原理：利用在高温下 VOCs 可以燃烧分解生成无害或低害物质的特点来去除 VOCs。

燃烧法可以分为直接燃烧、蓄热燃烧和催化燃烧。直接燃烧主要适用于高浓度 VOCs 废气的净化，该方法对环境仍存在污染，同时还浪费资源，近几年已很少使用；蓄热燃烧比较适宜废气中 VOCs 较低时添加辅助燃料以帮助其燃烧的方法，温度、停留时间和流速是影响热力燃烧的主要因素；催化燃烧是目前净化 VOCs 最有效的方法。催化燃烧法是指在较低温度下，通过催化剂的作用，有机废气被氧化分解成无害气体并释放能量，具有以下优点：起燃温度低，节省能源，使用范围广，几乎可以处理所有的烃类有机废气及恶臭气体，处理效率高，无二次污染。但其缺点是工艺复杂，需要预处理以免催化剂失效。

101. 吸附法去除 VOCs 的原理及特点是什么？

吸附法去除 VOCs 的原理：当含 VOCs 的气态混合物与多孔性固体吸附剂接触时，利用固体表面存在未平衡的分子吸引力或化学键作用力，把混合气体中 VOCs 组分吸附在固体表面，使之与废气分离，而使气体得到净化。主要治理工艺包括固定床吸附器、移动床吸附器以及流化床吸附器。

吸附法一般用于处理中、低浓度的气态污染物。吸附效果取决于吸附剂性质、气相污染物种类以及吸附系统的操作温度、湿度、压力等因素。活性炭是常用的一类吸附剂，其具有巨大的比表面积、独特的吸附表面结构特征、较强的选择性吸附能力、良好的催化性能和表面化学性能，在气体污染物的处理方面，尤其在 VOCs 治理方面具有重要作用。总的来说，吸附法设备简单，操作灵活，去除效率高，是有效和经济的回收技术之一。但运行费用较高，且产生二次污染。

102. 石油化工行业 VOCs 主要的防控措施和技术有哪些？

首先要控制油品呼吸损耗。呼吸损耗是温度变化使容器产生“吸进和呼出”而导致的挥发性有机物损耗，可通过在容器出口附加的蒸气保护阀来控制挥发性有机物的排放。

在生产过程中，强化炼油化工一体化优势，以缩短工艺流程、降低基础原料及中间产品成本、提高原材料利用率为主攻方向，开发以低碳烃和芳烃生产为重点的大规模、短流程的低成本化工原料生产工艺。

在末端处理上，现有处理设施包括各类回收装置（冷凝、膜分离）、火炬、焚烧装置和吸附净化装置等。冷凝、膜分离主要针对小风量、高浓度的气体，火炬、焚烧装置主要针对点源排放的气体，其中火炬主要是处理那些回收价值不大、间歇排放的气体。这类方法在正常情况下净化效率较高，但存在投资和运行成本较高的问题。

103. 如何控制印刷包装行业生产过程中的VOCs排放？

印刷包装行业的 VOCs 控制可以从源头削减、过程管理及末端治理三方面来着手。

源头控制旨在推行低 VOCs 或无 VOCs 的环保油墨、胶黏剂以及清洗剂等原辅材料的使用，即从工艺的开端减少原辅材料的 VOCs 含量，从而达到 VOCs 减排目的。

过程管理包括对工艺过程的规范和优化。干燥是包装印刷过程中必不可少的工序，同时也是 VOCs 产生和排放量较大的环节之一，通过推广干燥装置优化控制系统和推行固化工艺可以达到 VOCs 的污染控制目的。

在末端治理方面，我国包装印刷行业常用的有机废气处理技术主要分为两大类：一类是将 VOCs 进行分离回收的溶剂回收技术，主要包括吸附冷凝回收法、吸收溶解法，适用于有机溶剂和油墨使用量较大、VOCs 浓度高的包装印刷工艺；另一类是将 VOCs 进行分解的销毁技术，主要包括热力氧化法（催化燃烧、蓄热式氧化）、等离子氧化分解法，适用于流量大、浓度低的有机污染废气。

104. 如何控制涂装工艺的 VOCs 排放？

现阶段，汽车、摩托车、自行车、轮船、飞机、家用设备、机械设备、建材及家具等越来越多的产品，需要对其表面进行喷漆或烤漆处理，以达到装饰、美观和防腐等功效，由此产生的污染也越来越受到人们的重视。使用不含有机溶剂或者有机溶剂含量低的涂料是喷涂行业减少 VOCs 排放的有效途径，但是在实际应用中考虑到成本和质量等诸多因素，目前应用较少，对排放的废气进行后期治理是常用的方法。目前较为成熟的治理技术有活性炭吸附法、燃烧法等，近年来又出现了生物法、光氧化分解法等 VOCs 治理新技术，但还没有实现工业化，仍需进一步研发。

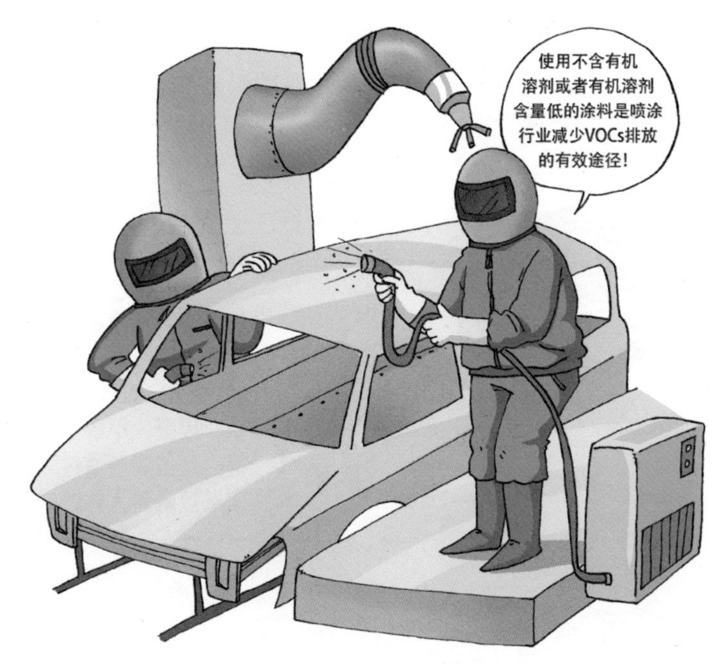

105. 为什么要倡导生产和使用水性涂料和水性油墨？

传统涂料和油墨用有机溶剂作为稀释剂，含有大量的 VOCs，如苯、甲苯、乙苯、甲醛、甲醇、乙二醇等，这些物质通过吸入或皮肤接触对人体造成伤害。

水性涂料和水性油墨是相对于传统产品而言的一种新型的环保产品，其原理是用水代替传统产品中的稀释剂。与传统的有机溶剂型涂料和油墨相比，水性涂料和油墨有三大优势：第一，水性产品本身VOCs含量低，更安全、更健康、更环保，降低了火灾风险；第二，改善了使用过程中操作人员的环境，有效地减少了VOCs的排放，有利于职工健康；第三，使用该水性原料生产的产品，其质量和安全更具有保障性。因此，要大力生产和使用水性涂料和水性油墨。

106. 目前有哪些机动车尾气净化处理技术？

机动车作为现代化交通工具，在给人们的生产和生活带来便利的同时，其排放的一氧化碳、碳氢化合物、氮氧化物、硫氧化物、颗粒物、甲醛等污染物，给大气环境造成了日益严重的污染。控制机动车污染可从以下几方面入手：

一是提高燃油品质。通过降低燃油中的有害物质含量，如采用无铅汽油、绿色燃料、选用恰当的燃油添加剂等，以减少机动车污染物的排放量。

二是采用先进的发动机技术。通过提高发动机的设计和制造水平，应用高压共轨技术、缸内喷射技术、废气再循环技术等，以降低机动车污染物的排放量。

三是采用排气后处理技术，对于汽油车和柴油车有不同的技术方案。汽油车排放污染以气态成分为主，颗粒物较少，通常采用三效催化剂进行净化，可以同时处理一氧化碳、碳氢化合物和氮氧化物三种污染物，将其转化为二氧化碳、水和氮气等无害成分。柴油车排气中碳氢化合物和一氧化碳比汽油车低，氮氧化物和颗粒物排放量高，其主要净化技术有氧化催化器（DOC）、颗粒物过滤器（DPF）和选择性催化还原器（SCR）等。氧化催化器主要是通过氧化方法净化一氧化碳和碳氢化合物，也可以消除少量的颗粒物；颗粒物过滤器通过过滤的方法净化颗粒物；选择性催化还原器主要用来净化氮氧化物，需在排气中加入特定物质（通常是尿素）将氮氧化物转化为氮气。

此外，机动车排放控制中还广泛采用了车载诊断（OBD）技术，它可以采集车辆与排放相关的各类信息，综合分析判定影响排放性能的故障，以警示信号提醒车主进行维护和检修。

107. 合理的城市规划能否控制机动车的 VOCs 排放？

合理的城市规划对机动车排放 VOCs 的控制具有重要意义。

首先，在城市规划总体要求上，控制机动车出行的数量，改善出行条件，淘汰落后、高污染、排放废气不达标的机动车，提倡使用清洁燃料，可以从源头和总量上有效控制 VOCs 的排放。

其次，在城市交通道路规划方面，应大力发展公共交通，重视自行车道和人行道规划。提倡“绿色交通体系”，即按照“步行、自行车（含电动自行车）、摩托车、公共交通、出租车、私人机动车、货车、大型车”的顺序来设计交通道路，设计并扩宽非机动车道路，尤其重视公共交通这一资源，保证足够的公共交通数量、速度及畅通度，体现以人为本，这是减少污染最有效的方法。

最后，在城市建筑街道布局方面，针对我国汽车保有量不断增加的情况，基于污染物扩散理论，合理规划城市街道走向、建筑物高度以及建筑物后退道路红线距离，以形成有利于污染物扩散的大气流场，也是从总量上降低 VOCs 污染的有效方法。

因此，合理的城市规划可以有效减少机动车 VOCs 排放。

108. 如何通过提高油品质量降低机动车尾气中VOCs的排放？

机动车尾气中的碳氢化合物主要包括烷烃、环烷烃、烯烃和芳烃，绝大多数属于VOCs，这些污染物都将严重影响环境质量和人体健康。实验证明，降低燃油硫含量可以延长尾气净化器中催化剂的寿命，降低一氧化碳、碳氢化合物、氮氧化物及二氧化硫的排放；而减少芳烃含量可降低碳氢化合物、颗粒物及多环芳烃等有毒物质的排放。因此，油品质量升级必须将环境保护要求摆在首要位置。要提高油品质量可采取以下对策：

一是科学制定油品质量标准。增加控制柴油总芳烃限值，降低多环芳烃限值，加快低硫化步伐，同时加快修订现有的车用汽油及车用柴油有害物质控制标准，并制定完善各类机动车尾气排放标准。

二是加快炼油工业升级改造进程。加快现有炼油企业油品升级改造项目的审批进度，促进炼油工业升级改造，做到一次规划、分步实施、分区域管理。同时建立油品生产、销售的分类监管体系，强化市售油品质量监督，杜绝低劣油品进入市场； 加大配套基础研究投入，推进油品升级的技术进步。

三是加大优质优价的环保政策保障。环保部门应加大政策保障，制定和完善污染物总量减排核算办法。将生产销售好于国家标准油品的企业纳入《重点区域大气污染防治“十二五”规划》财税补贴激励政策范围，对其进行财税补贴，在消费税政策上予以优惠。制定VOCs排污收费政策，对生产销售高于国家标准油品的企业，核算其排放当量，减免征收VOCs排污费。对劣质油品及其生产企业，加大惩处力度。

四是规范整治地方炼油企业。地方炼油企业数量多，工艺落后，污染防治设施不完备，且多数小型地方炼油企业加工劣质渣油，加工过程环境污染严重，生产“国Ⅲ”以上标准油品存在困难，缺乏合法的销售渠道，部分低质量油品进入大型炼油企业的油品调合池，从而合法地流入市场。这种局面严重扰乱市场、污染环境，对此，政府应对已经形成一定规模，环保设施齐全且具备油品升级改造能力的，应纳入规范管理；对不符合产业政策要求、不具备升级改造能力、环境污染严重、环境风险隐患高的“小炼油”，应彻底关停拆除，消除低档次油品生产企业的生存空间，规范市场，扫除我国油品升级的外部阻力。

109. 如何降低车内 VOCs 的危害？

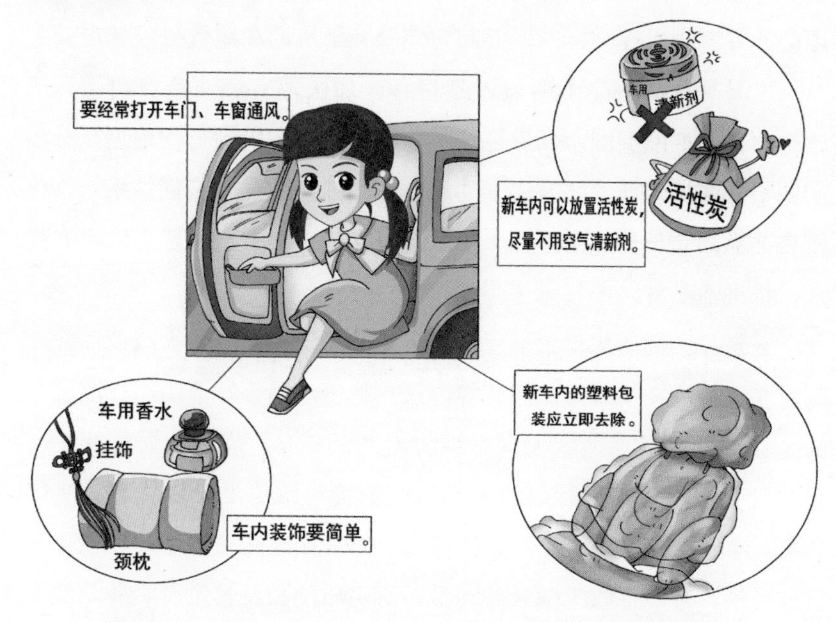

下面的一些措施可以帮助公众降低汽车内 VOCs 的危害：

（1）要经常打开车门、车窗通风。尤其是新车，用车前打开门窗 5 ～ 10 min，让新鲜空气和被污染的空气进行交换，这是最简单、快捷、省事的方法。另外，行驶中应尽可能保持车窗开启，少用空调。

（2）车内装饰要简单。现在车内装饰已成为一种时尚，许多车主相互攀比，认为装饰越豪华越有面子，殊不知汽车装饰过程中不可避免地要使用化学品，其内部装饰选用的皮革、桃木、油漆、工程塑料、胶黏剂等都会释放 VOCs。

（3）尽量不用空气清新剂。空气清新剂多由乙醚、香精等成分组成，这些物质及其分解之后产生的气体也是车内 VOCs 的重要来源，长期使用会对人体造成不良影响。

（4）新车内的塑料包装应立即去除。塑料包装，是厂家为防止破损而进行的保护。许多车主认为这些原始包装可以延缓车辆“衰老”，因此不愿将其去除。专家称，这样会使原本可以较快挥发的 VOCs 闷在车内“发酵”，缓慢地释放，造成长期的车内污染。

（5）新车内可以放置活性炭。活性炭是一种非常优良的吸附剂，可以有效地吸附空气中的 VOCs，以达到消毒除臭等目的。活性炭在吸附饱和后要更换，约三个月更换一次。

110. 良好的驾驶习惯可以减少 VOCs 排放吗？

同样一辆车，由不同的驾驶员来驾驶，耗油量可相差8%～15%，相对应排放的尾气量也不同，VOCs 的排放量也有区别。即好的驾驶习惯，能做到“节能减排”，从而“绿化”我们的驾驶行为。

第一，停车即熄火。在等红灯或者等人时，只要超过 1min 或是堵车怠速 4min 以上，则应马上关掉引擎。只等 1min，重新启动也比怠速要省油，尾气排放少。这种做法目前在欧洲已作为交通法规强制实施。第二，不要急刹车。每一脚急刹车的成本至少是 1 毛钱，其中包括汽车的发动机油嘴刚刚喷出的新鲜汽油以及刹车片的损耗和轮胎损耗等，排放的废气更多。第三，车速要适中，不宜过慢或过快，时速在 70 ～ 90 km 匀速行驶最佳，车速低时，活塞的运动速度低，燃烧不完全。而车速高时，进气的速度增加导致进气阻力增加，这些都使耗油增加，污染加重。第四，高速行驶时不要开窗。打开车窗，风阻将至少提高 30%，如果车速高于 70 km / h，开窗的风阻消耗将超过空调系统的燃油消耗，增加尾气排放。此外，加速时不要猛踩油门、不要低转速换挡、不要抵挡行车，不要频繁变道等良好的驾驶习惯，都可以达到节能减排的效果，减少 VOCs 的排放。

111. 如何降低农业 VOCs 排放？

农业 VOCs 的来源主要是农作物的排放和秸秆等生物质燃烧排放。

对于农作物的 VOCs 排放，目前还没有可行的控制方法。

农业 VOCs 排放的控制，重点是秸秆焚烧。农村焚烧秸秆分为有组织燃烧和无组织燃烧。有组织燃烧可以通过农村家用炉灶结构改造，减少 VOCs 的排放。对于无组织燃烧，最重要的还是通过立法和宣传教育，转变观念，重点宣传各项政策法规，焚烧秸秆的危害、秸秆还田和综合利用的优势等，以减少、杜绝农作物秸秆大面积直接燃烧的现象。利用经济手段鼓励农民、企业和资本的社会化参与，如配套相应的秸秆综合利用经济补贴，政府购进机械对秸秆进行深埋、犁耕、预加工，制定秸秆资源化利用产业扶持政策、培育秸秆资源化利用企业等。同时通过科技手段找到秸秆处理的出路，以工业化方式对秸秆进行深度开发利用。如用于生物质发电、生物质成型燃料锅炉、秸秆化机浆造纸、秸秆制气、秸秆饲料深加工等。科技手段是秸秆资源化利用的基础和保障。

112. 改善室内 VOCs 污染的主要方法有哪些？

室内 VOCs 主要来源于建筑装修材料如有机涂料、装饰材料、纤维材料、办公用品、各种生活用品、家用燃料和烟叶的不完全燃烧、人体排泄物等。

改善室内 VOCs 污染的主要方法有三种：防止污染、通风换气、空气自洁。

首先，防止污染是治理之本，应通过大力开发和推广使用绿色环保产品、推行绿色环保设计对污染源进行控制。

其次，采用经常通风换气的方式是一种降低 VOCs 在室内的累积效应的有效手段，合理通风可以改善因密闭的室内结构带来的弊端。

最后，空气自洁是指随着时间的推移，室内 VOCs 会通过挥发自然降低，即入住要推迟半年以上。还可通过采用一定的净化技术来改善室内的 VOCs 污染，如使用空气净化器分离和去除空气中的污染物，或通过使用表面覆盖剂和空气净化剂与污染物反应或将其密封而达到抑制污染物释放的目的。

113. 如何减少装修产生的 VOCs？

（1）装修应尽量简单，并尽量选用 VOCs 含量低的水性黏合剂、环保涂料（如水性涂料），减少人造板材的用量；

（2）在装修后进行一段时间通风，再入住。

114. 空气净化器对 VOCs 有净化效果吗?

当前空气净化器的净化效率（CADR）可以用三项指标衡量：①除菌效率；②净化挥发性有机物（TVOC）效率，通常用甲苯作为测试源；③净化固态颗粒物（又称粉尘）效率，国内通常用香烟来模拟测试。一般的空气净化器对于粗颗粒粉尘的去处效果非常明显，而除菌和去除 VOCs 的效果等则不如粉尘，故很多商家在产品除菌和去除 VOCs 的效果不佳的情况下，仅标示粉尘的净化效率。

因此，并不是所有标有净化 VOCs 的空气净化器都对 VOCs 有很好的净化效果，消费者在挑选空气净化器的时候，不要被净化效率 99% 所迷惑，需要仔细斟酌和慎重选择。如果室内刚刚装修、需要去除甲醛，则应当购买活性炭配量足够的净化器，这类净化器除了能够去除甲醛外，一般也具备去除粉尘功效，属于全能型空气净化器。其次应当考虑空气净化器的净化能力，如果房间较大，应选择单位时间净化风量较大的空气净化器。另外采用过滤、吸附、催化原理的净化器随着使用时间的增加，净化器内滤芯会趋于饱和，设备的净化能力下降，需要定期清洗、更换滤网和滤芯。

115. 什么是油烟净化器？餐饮业是否有必要安装净化器？

油烟净化器是用于净化厨房排放油烟的治理设备的通称，主要分为过滤式、湿式、静电式和复合式，是有效降低油烟污染排放的治

理手段。餐饮业多集中在商业区、居民区，集中排放时对周围环境污染较大，部分餐饮企业仅安装了抽油烟机而并未安装油烟净化器，烹调过程中产生的油烟直接排入空气中，油烟颗粒以及有害气体也会直接对人体造成伤害，同时油烟中的 VOCs 也会对大气环境造成复合性污染；另外夏季许多露天烧烤直接排放烧烤烟气，所产生的污染危害更加严重。因此， 餐饮业必须安装符合环保要求的油烟净化器。

116. 植物对室内空气净化有没有作用？

当前的研究发现，许多绿色植物确实能够吸附去除空气中的 VOCs，如苯、甲醛等，起到一定的空气净化作用。然而，科学家们对于植物净化空气的机理研究得还不够充分，尚不清楚这些植物在净化空气的同时是否会对人体造成一些潜在的危害。而且，目前的研究大多是针对植物的 24 小时观察，尚不清楚植物能否提供长期持续的空气净化效果。

面对现在市面上存在的一些对植物净化效果任意夸大的宣传，我们要保持科学理性的态度，不要盲目听从商家的宣传口号。要想拥有良好的室内空气环境，使用国家认可的环保装修材料、注意开窗通风、适当使用科学的空气净化装置，才是真正行之有效的方法。

第六部分 VOCs 与生活

117. 居民的哪些生活活动会造成 VOCs 的排放？

居民的很多生活活动都会造成 VOCs 的排放，其中主要包括燃料燃烧（如小煤炉取暖、秸秆焚烧等），食物烹饪、居室装修、服装干洗、家用化学品的使用（喷雾剂、化妆品等）等。这些生活活动虽然都会造成 VOCs 的排放，但其产生机制并不相同，如燃料燃烧过程排放的 VOCs 是燃烧生成的，而装修过程排放的 VOCs 是建筑涂料或胶黏剂等使用过程中溶剂挥发造成的。

118. 公众如何参与到 VOCs 污染减排与防治？

积极倡导低碳、绿色的出行方式，尽量选择乘坐公共交通工具、骑自行车或步行；烹饪时选择更健康的烹调方式；节假日不要过量燃放烟花爆竹；尽量杜绝露天焚烧秸秆、垃圾、落叶等；装修尽量选用环保型材料，不浪费，不过度装修。

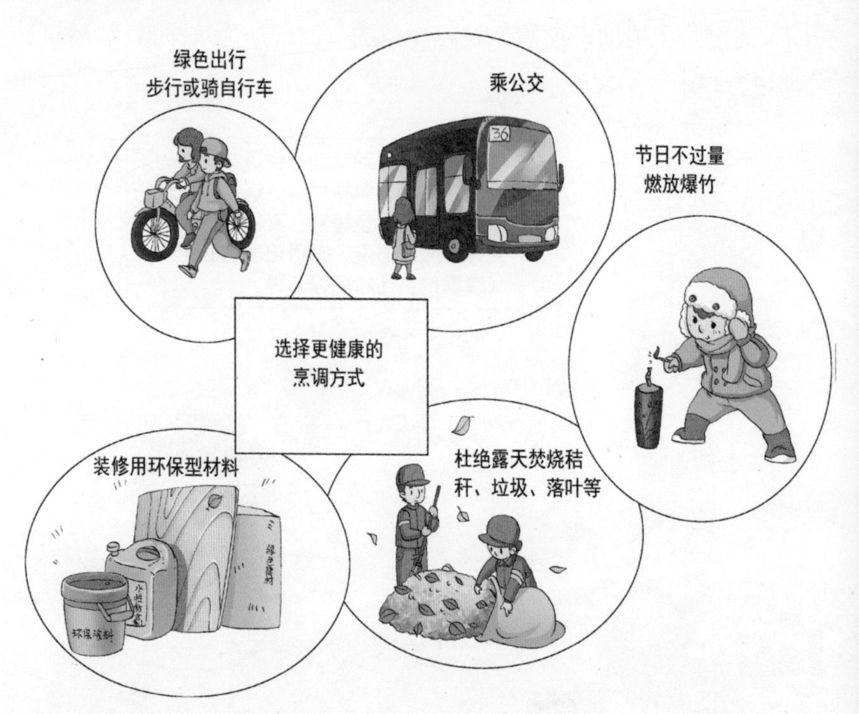

119. 使用空气清新剂可以改善环境空气吗？

空气清新剂可能含有 VOCs，其产生的香味只能遮盖环境中的异味，无法改善空气质量。空气清新剂中的 VOCs 成分有可能会对环境产生新的污染，对人体产生危害，因此不建议使用。

120. 只靠绿色植物就可以改善装修后的室内空气吗？

吊兰、芦荟等可以吸收空气中的甲醛，常春藤、龙舌兰等可以捕捉苯系物。植物适合作为空气净化的辅助手段，当空气轻度污染时净化效果较好，一旦空气污染严重，植物会“自身难保”，无法存活。装修后的室内空气中 VOCs 的浓度通常较高，还需要长时间通风换气以及配合使用活性炭、空气净化器等来降低 VOCs 浓度；大多数植物进行的是光合作用，在夜晚时没办法起到相应作用，并且由于植物是夜间吸氧，如果摆放过多，则会过度消耗氧气。

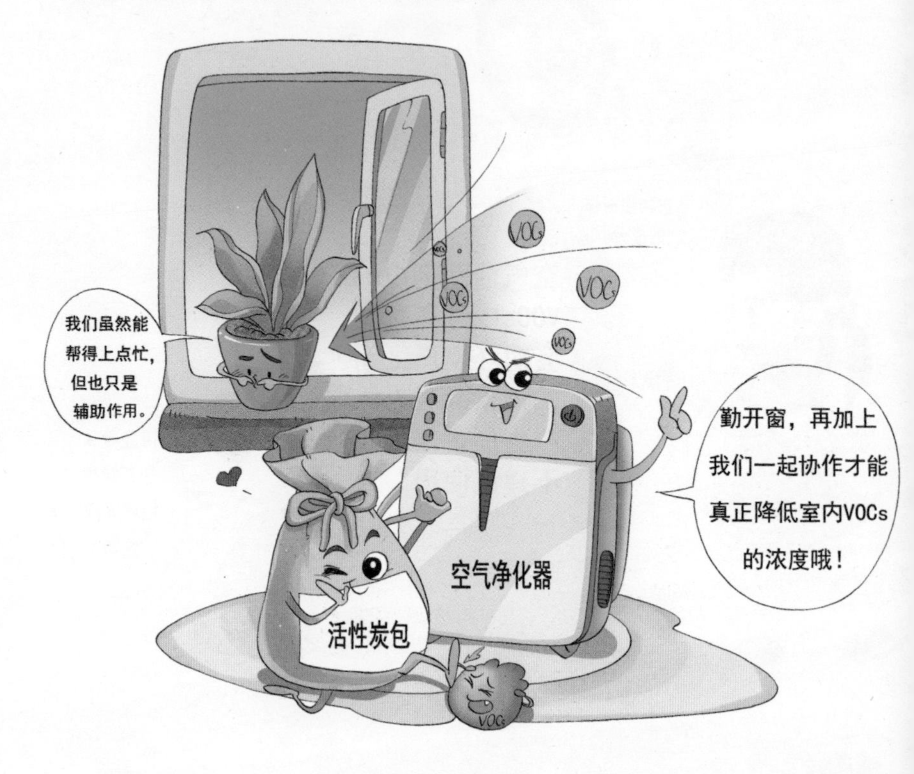

121. 采用互联网上的“偏方”就可以去除甲醛等 VOCs 污染吗？

在室内 VOCs 污染物中，最受关注的就是甲醛，网络上一度流行很多去除甲醛的“偏方”，如用柚子皮、橘子、菠萝等水果吸附甲醛；用水、醋、红茶泡水去除甲醛，食醋熏蒸去除甲醛；甲醛清除剂通过化学反应去除甲醛。但是这些方法通常对去除甲醛并没有什么效果，有些可能反而会产生二次污染。

书号：
978-7-5111-3247-5
定价：23 元

书号：
978-7-5111-3169-0
定价：23 元

书号：
978-7-5111-2067-0
定价：18 元

书号：
978-7-5111-3798-2
定价：22 元

书号：
978-7-5111-3246-8
定价：22 元

书号：
978-7-5111-3209-3
定价：28 元

书号：
978-7-5111-3555-1
定价：23 元

书号：
978-7-5111-3369-4
定价：22 元

书号：
978-7-5111-1624-6
定价：23 元

书号：
978-7-5111-0966-8
定价：26 元

书号：
978-7-5111-3138-6
定价：24 元

书号：
978-7-5111-2370-1
定价：20 元

书号：
978-7-5111-2102-8
定价：20 元

书号：
978-7-5111-2637-5
定价：18 元

书号：
978-7-5111-2369-5
定价：25 元

书号：
978-7-5111-2642-9
定价：22 元

书号：
978-7-5111-2371-8
定价：24 元

书号：
978-7-5111-2857-7
定价：22 元

书号：
978-7-5111-2871-3
定价：24 元

书号：
978-7-5111-2725-9
定价：24 元

书号：
978-7-5111-2972-7
定价：23 元

书号：
978-7-5111-0702-2
定价：15 元

书号：
978-7-5111-1357-3
定价：20 元

书号：
978-7-5111-2973-4
定价：26 元

书号：
978-7-5111-2971-0
定价：30 元

书号：
978-7-5111-2970-3
定价：23 元

书号：
978-7-5111-3105-8
定价：20 元

书号：
978-7-5111-3210-9
定价：23 元

书号：
978-7-5111-3416-5
定价：22 元

书号：
978-7-5111-3139-3
定价：23 元